PANTHER-PANZER

PANTHER-PANZER

MATTHEW HUGHES
CHRIS MANN

DÖRFLER
ZEITGESCHICHTE

Titel der Originalausgabe: The Panther Tank
Übertragung aus dem Englischen: Jürgen Brust M. A.

1 2 3 4 5 6 5 4 3 2

Seiten 2-3: Ein Panther auf dem Vormarsch irgendwo an der Ostfront, unterstützt von Panzergrenadieren

Inhalt

Kapitel 1
Die Entstehung des Panther

Der Panzerkampfwagen (PzKpfw) V Panther war ein hervorragendes Waffensystem und mit Sicherheit der beste deutsche Panzer im Zweiten Weltkrieg. Den Shermans, Churchills und Cromwells der westlichen Alliierten war er weit überlegen, lediglich gegenüber dem sowjetischen T-34/85 war der Vorsprung äußerst knapp.

Insofern der Panther technisch in Ordnung war, er genügend Kraftstoff hatte, um seiner Besatzung eine angemessene Bewegungsfreiheit zu ermöglichen (was natürlich angesichts der Luftüberlegenheit der Alliierten auch keine absolute Sicherheit versprach) und er über genügend Munition (der Vorrat an panzerbrechenden Geschossen mit Wolframkarbidkern ging in den letzten Kriegsmonaten zu Ende) und eine vernünftig ausgebildete Besatzung verfügte, sorgten die ausgezeichnete 7,5 cm KwK 42 und das optische Visier, die dicke Frontpanzerung und die Tatsache, dass der Panther meistens im Verteidigungsgefecht eingesetzt wurde, dafür, dass er in fast allen direkten Duellen mit den Panzern der Alliierten siegreich blieb. Ob er in diesem Duell bereits den vierten oder fünften feindlichen Panzer ausgeschaltet hatte, spielt fast keine Rolle, denn es kamen immer noch mehr Gegner.

Der Panther wurde entwickelt, um dem sowjetischen T-34 die Überlegenheit an der Ostfront zu entreißen. Das Ziel bestand darin, einen Panzer zu bauen, der so überlegen war, dass er den T-34 überwältigen und den Angriffsschwung der Roten Armee brechen konnte. Das erste Ziel konnte der Panther zweifellos erreichen, das letztere lag aber völlig außerhalb seiner Möglichkeiten. Der Zweite Weltkrieg war eine reine Materialschlacht, besonders bei den riesigen Panzerschlachten an der Ostfront und trotz seiner zweifelsohne vorhandenen Qualitäten hatte der Panther nur einen kleinen Vorsprung gegenüber dem T-34/85. Bei allen technischen Vorzügen war der Panther ein kompliziertes Gerät, das zu früh an die Front kam und deshalb zunächst mit argen Problemen zu kämpfen hatte. Er war schwierig herzustellen und konnte deshalb nie in ausreichender Zahl produziert werden. Er konnte zwar für eine

LINKS: Er war der Grund, den Panther zu bauen: der sowjetische T-34, hier an der Ostfront. Der T-34 zwang die Wehrmacht, eine ganz neue Panzergeneration zu entwickeln.

taktische Überlegenheit sorgen, aber anders als der sowjetische T-34 nicht den Krieg gewinnen.

Obwohl der Panther den Höhepunkt der Panzerentwicklung im Zweiten Weltkrieg darstellte und Deutschland sonst in der militärischen Technologie führend war, verlief gerade die Entwicklung des revolutionären Panzers in Deutschland anfangs recht zögerlich. Während des Ersten Weltkriegs hatte Deutschland die Möglichkeiten der mechanisierten gepanzerten Kriegführung nie ernsthaft in Betracht gezogen, bis 1916 bei der Schlacht an der Somme plötzlich britische Panzer auftauchten. Die Deutschen hielten den Panzer, der anfangs in zu geringer Zahl und in falschem Gelände zum Einsatz kam, für praktisch wertlos. Erst der fortgesetzte und schließlich auch erfolgreiche Einsatz von Panzern durch die Briten und später die Franzosen konnte das Oberkommando überzeugen, dass man als Gegenmaßnahme ebenfalls Panzer benötigte.

DIE ERSTEN DEUTSCHEN PANZER

Die deutsche Antwort, der Sturmpanzerwagen A.7.V., war zwar technisch einzigartig; ein guter Panzer war er aber keineswegs. Die Konstrukteure wollten technische Merkmale verwirklichen, die außerhalb der Möglichkeiten der deutschen Fabriken lagen. Das Ergebnis – im Prinzip ein riesiger gepanzerter Kasten mit 18 Mann Besatzung und dem modifizierten Laufwerk einer Holt-Straßenzugmaschine – war enttäuschend. Plump, untermotorisiert, langsam und verwundbar: so hatte der A.7.V. den britischen Panzern nichts entgegenzusetzen. Darüber hinaus ging der A.7.V. zu einem Zeitpunkt in die Serie, als Deutschland mit dem Bau von U-Booten, Artilleriegeschützen und konventionellen Waffen bereits hoffnungslos überfordert war. So wurden nur 20 A.7.V. gebaut und 15 davon kamen zum Einsatz. Wie später beim Panther reichte die Zahl einfach nicht aus. Das deutsche Heer musste auf britische Panzer zurückgreifen: während nur drei Panzergruppen über den A.7.V. verfügten, gab es sechs mit erbeuteten britischen Panzern.

Daneben wurden verbesserte Modelle entwickelt, die aber alle über das Prototypenstadium nicht hinauskamen, bevor der Krieg im November 1918 zu Ende war. So verlor sich das deutsche Konstruktions- und Produktionspotenzial in einer Vielzahl von Projekten, die in der Praxis nicht durchführbar waren. Den Gipfel markierte der 150 t schwere K-Wagen (Großkampfwagen). Dieses Monster benötigte 22 Mann Besatzung und passte nicht auf die Eisenbahnwaggons. Die offensichtlichen Probleme mit der Beweglichkeit sollten sich später bei einigen ausgefallen Panzerkonstruktionen im Zweiten Weltkrieg wiederholen. Nach Ansicht von Experten wurden diese Probleme in der gleichen Weise übersehen und ignoriert, wie es mit dem Maus und dem E100 im Zweiten Weltkrieg geschah.

HEINZ GUDERIAN UND DIE GEHEIME PANZER-ENTWICKLUNG

Im Rahmen des im Juni 1919 unterzeichneten Versailler Vertrags erlegten die siegreichen Alliierten den Deutschen beträchtliche militärische Beschränkungen auf. Nach dem Vertrag durfte Deutschland keine wichtigen militärischen Waffen wie Flugzeuge, U-Boote und schwere Artillerie besitzen. Die Reichswehr, wie die neuen deutschen Streitkräfte nun hießen, hatte eine Höchststärke von 100 000 Mann. Besitz, Entwicklung oder Beschaffung von Panzern wie auch fast allen anderen gepanzerten Fahrzeugen waren verboten. Das deutsche Heer hatte nur noch ein paar überholte Panzerwagen und Versorgungsfahrzeuge.

Der geringe Umfang des Heeres von nur 100 000 Mann sorgte zwar für geringe Karrieremöglichkeiten, ermöglichte aber die Konzentration auf Ausbildung und Verfahren. Der Chef des deutschen Generalstabs, General Hans von Seekt, war entschlossen, die Reichswehr trotz ihres bescheidenen Umfangs zu einer optimalen Stärke und Wirksamkeit zu führen. Daher unterstützte er nach Kräften die Ideen des führenden deutschen Panzerexperten Heinz Guderian. Im Jahr

LINKS: Eine deutsche Panzerbesatzung und ihr PzKpfw IV mit der kurzen Kanone. Sie konnte gegen die neuen sowjetischen Panzer wie den KV und den T-34 nicht viel ausrichten.

Oben: Eine Kolonne von T-34/76 an der Ostfront. Die sowjetischen Panzer waren moderner als die Wehrmacht vermutete. Der T-34 ließ den Mythos von der sowjetischen Unterlegenheit schnell vergehen.

1922 hatte Guderian während einer eher unerwünschten Verwendung bei der Transporttruppe begonnen, die Theoretiker der britischen Panzerkriegführung, J.F.C. Fuller, Basil Liddell Hart und G. LeQ Martel, zu studieren. Sie waren der Überzeugung, dass die Kriege der Zukunft von hochmechanisierten Truppen rund um den Panzer geführt werden würden. Sie rieten dazu, den Schwerpunkt auf die feindlichen Schwachpunkte zu konzentrieren, um einen raschen Durchbruch zu erzielen. Dieser Durchbruch sollte dann durch eine schnelle Konzentration aller Truppen ausgenutzt werden, die tief in das rückwärtige Gebiet des Feindes eindringen und die Verbindungs- und Versorgungswege unterbrechen sollten. Die mechanisierten Kräfte sollten sich dabei besonders auf die feindlichen Führungs- und Versorgungssysteme – sozusagen das Gehirn des Feindes – konzentrieren. Die Auseinandersetzung mit den gegnerischen Fronttruppen war dabei zweitrangig.

Guderian gab zu, dass er „von diesen Ideen tief beeindruckt war". Er schrieb: „Ich versuchte sie so weiterzuentwickeln, dass sie auf unser Heer angewandt werden konnten." Wie die meisten Befürworter der gepanzerten Kriegführung in den 20er Jahren stieß Guderian auf beträchtlichen Widerstand im Heer. Als er im Jahr 1924 vorschlug, die motorisierten Einheiten der Versorgungstruppe in Kampfverbände umzuwandeln, sagte ihm sein Kommandeur: „Zum Teufel mit dem Kampf, die sollen Mehl transportieren."

Trotz alledem waren seine Vorgesetzten in der Regel entgegenkommend, und ein Kreis deutscher Stabsoffiziere befasste sich ernsthaft mit den Möglichkeiten der beweglichen Kriegführung auf der Grundlage gepanzerter Verbände. 1925 wurde ein kleineres Programm zur Ausbildung und Zusammenarbeit eingeleitet. Im folgenden Jahr gab es bereits die ersten Großmanöver mit mechanisierten Verbänden. Guderians theoretische und ehrgeizige Vorschläge für die Aufstellung gepanzerter Einheiten stießen aber auf ein Hindernis: Der Vertrag von Versailles untersagte der Reichswehr immer noch jeglichen Besitz von gepanzerten Kampffahrzeugen. Bei den Manövern im Jahr 1926 mussten die Soldaten statt der Panzer tatsächlich Silhouetten aus Pappe tragen. 1928 hatten sie immerhin schon motorisierte Attrappen aus Blech. Wie Guderian selbst zugeben musste, hatte er trotz seiner Beschäftigung mit Panzern „überhaupt keine praktische Erfahrung...ich habe noch nicht einmal einen von innen gesehen."

Das sollte aber nicht heißen, dass Deutschland die Entwicklung und den Bau von Panzern völlig aufgegeben hätte. Von 1920 an waren deutsche Ingenieure trotz der Beschränkungen des Versailler Vertrags mit geheimen Entwicklungen beschäftigt. Anfang der 20er Jahre hatte eine kleine Gruppe in Schweden an der Entwicklung des Panzers LK II gearbeitet. Diese Entwicklung stammte noch aus dem Krieg. Der LK II wog 10 t, erreichte mit einem 50-PS-Motor 19,3 km/h und verfügte über eine 37-mm-Kanone in einem nicht schwenkbaren Turm. Der Prototyp war noch im Ersten Weltkrieg entstanden. Unmittelbar nach dem Krieg wurden der Prototyp und die Konstruktion nach Schweden verkauft, wo sie als Strv M21/29 gebaut wurde. Als Guderian 1928 nach Schweden fuhr, hatte er endlich Gelegenheit, einen Panzer von innen zu sehen und durfte sogar einen LK II fahren. Der deutsche Generalstab war entschlossen, der Reichswehr einen eigenen

RUSSISCHE PANZER

Die ersten Panzer tauchten in Russland im Bürgerkrieg zwischen den Roten und den Weißen auf. Zunächst gab es nur Nachbauten des französischen Renault FT unter der Bezeichnung M-17. Obwohl 1925 der modernere T-18 erschien, verließ sich die Rote Armee immer noch auf ihre Kavallerie.

Bei der Weiterentwicklung ihrer Panzertruppe fand die Sowjetunion in Deutschland einen überraschenden Bundesgenossen. Die Zusammenarbeit lief bis 1934 und wurde dann von Hitler verboten. Bis dahin hatten beide Seiten aber genug Erfahrungen gesammelt.

Das taktische und strategische Denken Ende der 20er und Anfang der 30er Jahre verlangte nach einer modernen motorisierten Armee. Mit einer Weisung von 1929 räumte der Generalstab der Roten Armee dem Panzerbau den Vorrang ein. Schon 1932 hatte die Rote Armee zwei motorisierte Korps mit Panzern, Schützenpanzern, Artillerie und Aufklärern, drei Jahre vor der Aufstellung der ersten deutschen Panzerdivision. Auch die Produktion wurde gesteigert: 1928 hatten die Sowjets 92 Panzer, im Januar 1935 waren es bereits 10 180.

Der erste einheimische mittlere Panzer, der T-14, hatte Probleme mit Fahrwerk, Kraftübertragung und Panzerung, dafür aber bereits eine damals ungewöhnlich starke 76-mm-Kanone. Um Zeit zu sparen, übernahm man ein Modell von Carden-Lloyd und entwickelte daraus den Kleinpanzer T-27. Aus einem Vickers entstand der leichte T-26. Dieser nahm mit einer 45-mm-Kanone am spanischen Bürgerkrieg teil und blieb bis 1941 im Dienst. Auch der T-28 war noch vorhanden, hatte aber gegen die deutschen Panzer keine Chance.

Mit dem amerikanischen Christie M1931 hatten die Sowjets ihren ersten Erfolg. Mit dem immer wieder verbesserten BT, wie er nun hieß, hatten die Sowjets wohl den besten Panzer der 30er Jahre, trotz des Reinfalls im spanischen Bürgerkrieg.

Die Panzertruppe musste besonders unter den Säuberungen leiden, die Stalin 1937 einleitete. Das Fehlen der ausgebildeten Panzersoldaten machte sich 1941 schmerzlich bemerkbar. Dafür hatte die Rote Armee neue Panzer: den schweren KV, den teuren, komplizierten T-50, den amphibischen T-40 und den T-34. Dieser T-34 mit der 76-mm-Kanone war einer der besten Panzer im Krieg und der Auslöser für die Entwicklung des Panther.

Panzer zu geben und ließ unter strenger Geheimhaltung zwei Prototypen bauen: einen leichten Panzer mit 3,7-cm-Kanone und einen mittleren Panzer von etwa 20 t mit einer 7,5-cm-Kanone. Diese starke Bewaffnung zeigte, dass Deutschland bei seinen Panzern von vornherein auf die Feuerkraft setzte.

Das erste Problem bestand darin, diese Konstruktionen unbeobachtet von den westlichen Alliierten zu bauen und zu erproben. Um die Bestimmungen des Versailler Vertrags zu umgehen, wandte man sich an eine ähnlich ausgestoßene Nation: die Sowjetunion. Sie wurde von den anderen Staaten wegen ihres bolschewistischen Systems gemieden. Im Jahr 1921 nahm die Reichswehr die ersten zaghaften Kontakte zur Roten Armee auf. Im folgenden Jahr unterzeichneten beide Staaten den Vertrag von Rapallo, der einen geheimen Zusatz über die Vertiefung der militärischen Zusammenarbeit enthielt. Die Zusammenarbeit wurde im März 1926 ausgeweitet, als Deutschland einen Flugplatz in Liptesk und eine Panzerschule in Kasan an der Wolga einrichtete. Dort wurden auch die ersten deutschen Panzer nach dem Krieg gebaut. Krupp und Rheinmetall bauten drei Prototypen, alle nach den Vorgaben für den leichten Panzer. Zur Verschleierung bezeichnete man die Fahrzeuge als Leichter Traktor. Dieser 10-Tonner ähnelte noch stark den zeitgenössischen britischen Konstruktionen, besonders dem mittleren Vickers Mark II. Der größere Panzer, als Großtraktor bezeichnet, wies viele Gemeinsamkeiten mit dem 16-Tonner von Vickers auf. Daimler-Benz, Krupp und Rheinmetall bauten jeweils einen Prototypen dieses 17-Tonners, der entweder über eine 7,5-cm-Kanone oder eine 10,5-cm-Haubitze verfügte. Diese Fahrzeuge wurden alle in Kasan gründlich erprobt, gingen aber nie in die Produktion.

Nach den Erprobungen wurde eine weitere Konstruktion vorgeschlagen, das so genannte Neubaufahrzeug (im allgemeinen als NbFz bekannt). Es sollte Mitte der 30er Jahre in den Dienst gestellt werden, denn die Erprobungen in Kasan hatten gezeigt, dass der Bau moderner Panzer ein beträchtliches Bau- und Entwicklungspotenzial voraussetzte, und dass zwischen der ersten Entwicklung und der endgültigen Serienproduktion viel Zeit verstreichen würde. Rheinmetall erhielt den Zuschlag für die Entwicklung der Wanne des NbFz, Krupp und Rheinmetall sollten zwei verschiedene Türme bauen. Die ersten Fahrzeuge erschienen 1933. Der Krupp-Turm des NbFz A hatte eine 7,5-cm-Kanone und eine koaxiale 3,7-cm-Kanone. Beim NbFz B von Rheinmetall war die Hauptbewaffnung von 10,5 cm bzw. 3,7 cm ebenfalls koaxial angeordnet. Beide hatten außerdem zwei MG-Türme in der Wanne. Diese Mehrfachtürme waren bereits 1926 bei einem britischen Panzer und 1929 beim russischen T-32 zum Einsatz gekommen. Allerdings galten sie im Jahr 1933 längst als überholt. In den vielen Türmen konnten sich feindliche Geschosse verfangen, und die vielen Besatzungsmitglieder erhöhten das Kampfgewicht. Da das Konzept als Sackgasse galt, wurde es auch in Deutschland nicht weiter verfolgt. Nur fünf Stück wurden gebaut und kamen ausschließlich in der Ausbildung zum Einsatz. Einige davon tauchten aber überraschend 1944 in Norwegen auf. Allerdings wurden sie wohl nur zu Propagandazwecken eingesetzt. Das NbFz A erhielt die Bezeichnung PzKpfw V und das NbFz B die Bezeichnung PzKpfw VI, was noch zu Verwirrung führen sollte, denn die Bezeichnungen PzKpfw V bzw. PzKpfw VI wurden später für die wesentlich berühmteren Panther und Tiger eingesetzt.

Während der Wirtschaftskrise im Jahr 1930 wurden sämtliche Mittel für das Panzerprogramm gestrichen, was zu einem abrupten Ende der Versuche führte.

Guderian – im Jahr 1932 inzwischen Oberstleutnant und Chef des Stabes des Inspekteurs der motorisierten Truppen – und Hauptmann Pirner, zuständig für den Panzerbau, erarbeiteten die Pläne für die Ausrüstung der Panzerdivisionen, die Guderian unbedingt aufstellen wollte. Sie waren sich einig, dass sie zwei Panzertypen brauchten: einen leichten Panzer mit einer panzerbrechenden Kanone im Turm und einen mittleren Panzer mit einer Waffe größeren Kalibers. Sie legten sich auf eine 3,7-cm-Kanone für den leichten Panzer und eine 7,5-cm-Kanone für den mittleren Panzer fest, der außerdem nicht schwerer als 24 t werden durfte. Diese Begrenzung ergab sich durch die Tragfähigkeit der deutschen Brücken. Es würde aber viel Zeit in Anspruch nehmen, diese Panzer tatsächlich einzuführen. In der Zwischenzeit brauchte man eine Art Lückenbüßer, einen Panzer, der schnell und in großer Stückzahl herzustellen war. Außerdem sollte er sich für die Ausbildung eignen und damit der angedachten Panzertruppe Erfahrungen in der mechanisierten Kriegführung verschaffen.

HITLER UND DIE ERSTEN PANZER

1933 wurde Adolf Hitler Reichskanzler. Er kümmerte sich nicht um die Bedingungen des Versailler Vertrags und war entschlossen, Deutschland militärisch wieder aufzubauen. Im Dezember jenes Jahres legte Krupp die Pläne für einen leichten Schulpanzer vor. Er basierte auf dem britischen Kleinpanzer Carden-Lloyd Mark VI, den die Deutschen in Kasan ausgiebig erprobt hatten. Dieser Fünftonner von Krupp wurde zur Verschleierung als Landwirtschaftlicher Schlepper (LaS) bezeichnet und ab 1934 in Serie gebaut. Später erhielt er dann die Bezeichnung PzKpfw I. Der PzKpfw I war aber kein brauchbares Kampffahrzeug. Er hatte eine Besatzung von zwei Mann, eine höchstens 13 mm starke Panzerung und einen Vierzylindermotor M 105 von Krupp, der für 40 km/h auf der Straße reichte. Die zwei MGs genügten allenfalls für die Bekämpfung von Infanterie und weichen Zielen. Gegen andere gepanzerte Fahrzeuge konnte der PzKpfw I nicht eingesetzt werden. Hitler besuchte das Erprobungsgelände des Materialamts in Kummersdorf, um Guderians Panzer im Einsatz zu sehen. Als er den PzKpfw I sah, bemerkte er: „Das ist genau, was ich brauche. Diesen Panzer will ich haben“. Für das Heer war der PzKpfw I ideal für die Ausbildung und Erprobung; Hitler mochte ihn, weil er billig war und sich so in großer Zahl bauen ließ. Er hatte zwar keinen hohen Gefechtswert, aber er sah imposant aus und bot eine ausgezeichnete Platt-

UNTEN: Das Gefecht aus der Sicht des Fahrers. Die Panzerung des T-34 konnte mit ihrer Stärke und Abschrägung 1941 fast jeder deutschen Waffe Paroli bieten.

Oben: Eine sowjetische Panzerfabrik irgendwo im Ural. Trotz der erzwungenen Evakuierung bauten die Sowjets schon bald mehr Panzer als Deutschland.

form für Hitlers rhetorische Ausbrüche. Da er sich rasch herstellen ließ, konnten genügend Panzer gebaut werden, um ausländische Besucher einzuschüchtern.

Bei der Wehrmacht wusste man natürlich, dass man eine praxisgerechtere Konstruktion brauchte, um die Zeit bis zum Erscheinen der größeren Panzer zu überbrücken. Der PzKpfw II war eine Entwicklung von MAN (Maschinenfabrik Augsburg-Nürnberg). Er sah aus wie ein aufgeblasener PzKpfw I, war aber schwerer und hatte eine andere Aufhängung. Er war auch größer und wog anfangs 7,5 t. Mit stärkerer Panzerung und einer 2-cm-Kanone brachte er es später sogar auf 10 t. Er war zwar besser für den Kampf geeignet als sein Vorgänger, aber das war es dann auch schon. Trotzdem sollten diese beiden in großer Stückzahl gebauten Panzer (1500 Stück vom PzKpfw I und 1400 vom PzKpfw II) bis 1939 das Rückgrat der Wehrmacht bilden.

Mit diesen leichten Panzern konnte Guderian seine Theorien der gepanzerten Kriegführung in die Praxis umsetzen. Anders als die anderen Theoretiker erhielt er auch die entsprechende Unterstützung von seinen Vorgesetzten und seiner Regierung. Die Briten, die Mitte und Ende der 20er Jahre über die modernste Panzertruppe verfügten, lehnten die Theorien von Fuller und Liddell Hart ab und wollten den Panzer nur zur Unterstützung der Infanterie einsetzen. Die „experimentelle mechanisierte Truppe" wurde aufgelöst. Amerikaner und Franzosen durften nicht einmal eine eigene Panzertruppe aufstellen. Marschall Michail Tuchatschewsky durfte in der Sowjetunion zwar große Panzerverbände aufstellen und ausbilden, aber im Jahr 1937 verschwand er mitsamt seinen Theorien im Rahmen der Säuberungen, die Stalin beim Militär vornehmen ließ. Guderians Theorien unterschieden sich kaum von denen der Briten und Tuchatschewsky. Der größte Unterschied lag darin, dass er glaubte, Panzer seinen nur in Verbindung mit anderen Waffensystemen wirksam. Seine Vorgesetzten zweifelten seine Theorien kaum an. Sein Glaube an einen schnellen Krieg stand in der Tradition des preußischen Militärdenkens seit Moltke und stammte unmittelbar von der Taktik der deutschen Sturmtruppen im Ersten Weltkrieg ab.

Im Jahr 1935 stellte Frankreich die erste Panzerdivision der Welt auf. Die französischen Panzer wurden zwar nicht gerade auf revolutionäre Art eingesetzt, aber diese Tatsache brachte Deutschland dazu, ebenfalls Panzerdivisionen aufzustellen. Es gab sogar genügend Panzer für drei Divisionen. Das allein war aber noch nicht sehr Erfolg versprechend. Wichtiger war die Art, wie Guderian seine Panzerdivisionen zu wirksamen Gefechtsverbänden machen wollte. In der Panzerdivision verband er erfolgreich die Feuerkraft für den Angriff auf feindliche Stellungen mit der Beweglichkeit für die anschließende Verfolgung. Die Panzerdivision war ein integrierter Verband mit eigener Infanterie, die alle feindlichen Widerstandsnester ausräumte, die von den Panzern nicht bekämpft werden konnten. Die Infanterie konnte sogar die Führung übernehmen, wenn das Gelände für Panzeroperationen nicht geeignet war. Die Division wurde durch eigene Sturmgeschütze unterstützt, die Breschen durch die Verteidigung schlagen konnten, die zuvor von den eigenen Aufklärungsfahrzeugen geortet worden war. Um die feindlichen Truppen niederzuhalten, die mit den Panzern nicht zu bezwingen waren, gab es sogar eine eigene Artillerie. Außerdem war Deutschland Vorreiter beim Einsatz von Sturzkampfbombern für die Nahunterstützung anstelle der Artillerie, die unter Umständen die Straßen hinter der gepanzerten Speerspitze verstopfen konnte.

Nach der Besetzung des Rheinlands im Jahr 1936 zeigte Deutschland seine Panzer ganz offen. Nun wurden sie nicht mehr als landwirtschaftliche Nutzfahrzeuge bezeichnet. Außerdem konnte man endlich die Theorien in der Praxis erproben, als nämlich die Legion Condor nach Spanien geschickt wurde, um Franco zu unterstützen. Obwohl die Deutschen im spanischen Bürgerkrieg eher Erfahrungen im Luftkrieg sammelten, setzten sie auch eine Reihe PzKpfw I ein. Diese waren zwar den sowjetischen T-26 mit ihren 45-mm-Kanonen hoffnungslos unterlegen, gaben aber der Wehrmacht die praktische Erfahrung im gefechtsmäßigen Einsatz von Panzern und nützliche Hinweise für die Logistik und Instandsetzung, Gebiete, auf denen sie sich später besonders auszeichnete. Außerdem zog die Wehrmacht im Gegensatz zur Roten Armee keine falschen Schlüsse aus dem Konflikt.

Guderian wurde zum Generalleutnant befördert und erhielt die Führung über das erste Panzerkorps der Welt, sogar über ranghöhere Offiziere. Er führte die Speerspitze der Wehrmacht, die den Anschluss von Österreich vornehmen sollte. Bei dieser Gelegenheit konnte er die Leistungsfähigkeit seiner Panzerverbände unter Beweis stellen, denn es war durchaus möglich, dass er bei dem langen Marsch quer durch das Ge-

UNTEN: Die PAK-40 im Kaliber 75 mm war eine der wenigen deutschen Waffen, die einen T-34 zerstören konnten. Sie diente mit einem größeren Kaliber als Grundlage für die Bordkanone des Panther.

OBEN: Das erste Serienmodell des Panther, die Ausf D. Die elegante Silhouette und die schräge Panzerung verraten den Einfluss des T-34. Die Ausf D ist am MG-Schlitz für den Funker zu erkennen.

lände irgendwo auf Widerstand treffen konnte. Für Deutschland war der Anschluss Österreichs zwar ein politischer Erfolg, militärisch jedoch eine Katastrophe. Guderians Korps blamierte sich, und besonders die logistischen Probleme der Panzerdivisionen wurden deutlich. Weit mehr als 30% der Panzer litten unter mechanischen Problemen, wie von der Wehrmacht behauptet wurde. Sie hatten nicht genügend Kraftstoff und Guderian musste sogar Gewalt androhen, bevor er ein Tanklager benutzen durfte. Nach diesen Erfahrungen sorgte Guderian dafür, dass seine Divisionen stets drei bis fünf Tagesvorräte an Kraftstoff, Verpflegung und Munition mitführten. Der Nachschub wurde sorgfältig in den Verband integriert.

DER KRIEG

Die deutschen Pläne für den Krieg waren stets von einem Beginn frühestens im Jahr 1942 ausgegangen. Als Hitler am 1. September 1939 in Polen einfiel, war die Wehrmacht noch zum größten Teil mit PzKpfw I und II ausgerüstet. Durch den Anschluss der Tschechoslowakei an das deutsche Reich fielen der Wehrmacht aber zahlreiche LT-35 und LT-38 in die Hände. Diese ausgezeichneten Panzer wurden bei den Skoda-Werken in Pilsen gebaut und liefen bei der Wehrmacht unter der Bezeichnung PzKpfw 35 (t) bzw. PzKpfw 38 (t). Das polnische Heer hatte kein modernes Gerät und nur wenige Panzer. Damit wurde es zum ersten Prüfstein für Guderians Theorien. In der Presse wurde der Krieg als Blitzkrieg bezeichnet. Polen konnte nur 18 Tage standhalten. Der schnelle Sieg war verblüffend. Natürlich war der größte Teil der Wehrmacht noch zu Fuß unterwegs und die Artillerie wurde von Pferden gezo-

gen, aber die von Artillerie und Luftwaffe unterstützten Panzerverbände konnten beweisen, dass Guderian mit seinen Theorien Recht hatte.

Das Kräfteverhältnis zwischen Deutschland und den westlichen Alliierten war wesentlich ausgewogener als das zwischen Deutschland und Polen. Die Wehrmacht erhielt endlich die ersten mittleren Panzer, die Mitte der 30er-Jahre bestellt worden waren. Mit seiner 3,7-cm-Kanone war der PzKpfw III ein guter mittlerer Allzweckpanzer. Für den Feldzug in Polen standen aber nur 98 Exemplare zur Verfügung. Im Mai 1940 stellte der PzKpfw III aber bereits zusammen mit dem PzKpfw IV mit seiner größeren Kanone das Rückgrat der deutschen Panzertruppe. Beide waren sauber konstruiert, aber Briten und Franzosen besaßen gleichwertige oder bessere Panzer wie den Somua-35, den Char B und den Mathilda II, der jeder deutschen Panzerkanone gewachsen war. Im Prinzip hatte die Wehrmacht aber einfach zu wenig Panzer. Dass sie aber trotzdem die britischen und französischen Truppen im Mai und Juni 1940 besiegen konnte, lag an der hervorragenden Ausbildung der Panzerverbände, der Luftnahunterstützung und am sinnvollen Einsatz von Guderians Blitzkriegtheorie.

DIE INVASION DER SOWJETUNION

Frankreich hatte etwa dreimal so viele Panzer gehabt wie Deutschland, die qualitativ fast gleichwertig waren. Was die Wehrmacht aber überlegen machte, waren Taktik und Ausbildung. Der Sieg über Frankreich war der Höhepunkt von Guderians Blitzkrieg. Im Juni 1941 richtete Hitler seine Aufmerksamkeit auf die Sowjetunion. Die Wehrmacht hatte in Frankreich weitere Erfahrungen gesammelt; der PzKpfw III hatte sich als brauchbar erwiesen, aber er benötigte eine stärkere Panzerung und eine größere Kanone. Hitler, der sich immer für die Panzertruppe interessiert hatte, befahl, ihn mit einer 5-cm-Kanone L/60 auszurüsten. Trotzdem erhielten die Ausführungen F, G und H nur eine eine 5-cm-Kanone L/42. Das sollte sich als schwerwiegender taktischer Fehler erweisen, als sie gegen die besten sowjetischen Panzer antreten mussten. Der PzKpfw IV hatte sich in Frankreich und später in Griechenland ebenfalls als sehr erfolgreich erwiesen. Allerdings hatte sich bei den Duellen mit dem britischen Mathilda und dem französischen Char B gezeigt, dass seine Kanone zu schwach war. Daher wurde die Kanone L/43 gegen eine 7,5-cm-Kanone L/48 ausgetauscht, die es mit jedem westlichen Panzer aufnehmen konnte und wohl auch den besten sowjetischen Panzern gewachsen war. Als aber die Operation Barbarossa, die Invasion der Sowjetunion, begann, gab es noch viel zu wenige von diesen Fahrzeugen.

Im Juni 1941 hatte die Wehrmacht insgesamt 5264 Panzer unterschiedlicher Typen und dazu einige erbeutete französische Panzer. Darunter waren 1440 PzKpfw III und 517 PzKpfw IV. Diese wenigen Fahrzeuge mussten sich mit 20 000 – 24 000 sowjetischen Panzern auseinander setzen. Wieder einmal war der Blitzkrieg zunächst erfolgreich, und die Wehrmacht konnte insgesamt 17 000 sowjetische Panzer zerstören. Qualitativ war sie den Panzern der Roten Armee aber nicht überlegen. Die PzKpfw III und PzKpfw IV waren zwar den sowjetischen T-26 und BT überlegen, aber dem modernsten sowjetischen Panzer, dem T-34, in keiner Weise gewachsen. Michail Koschkins T-34 hinterließ einen bleibenden Eindruck auf die deutschen Panzersoldaten, die ihm entkommen konnten. Seine mächtige 76,2-mm-Kanone konnte die Panzerung aller deutschen Panzer auf fast jede Entfernung durchdringen, und seine abgeschrägte Panzerung war nicht nur der 3,7-cm-Standardkanone der Wehrmacht, sondern auch der 5-cm-Kanone des PzKpfw III und der 7,5-cm-Kanone des PzKpfw IV gewachsen. Bis zum Russlandfeldzug hatte man nicht geplant, den PzKpfw IV abzulösen, der sich in Frankreich so hervorragend geschlagen hatte. Der Mythos von der sowjetischen Unterlegenheit hatte sich jetzt aber als Trugschluss erwiesen.

IA 0805

Kapitel 2
Entwicklung und Konstruktion des Panther-Panzers

Das Auftauchen des T-34 hinterließ bei der einmarschierenden Wehrmacht einen nachhaltigen Eindruck. Zum ersten Mal wurde er am 8. Juli 1941 von der 17. Panzerdivision gesehen. Ein einzelner unbekannter Panzer erschien am Horizont und drang 14,5 km tief in die anrückende Division ein. Die Kanonen der PzKpfw III konnten ihm scheinbar nichts anhaben. Bevor er schließlich von einem 100-mm-Artilleriegeschütz gestoppt wurde, das man hinter ihn bringen konnte, hatte dieser einzelne T-34 bereits 40 deutsche Panzerfahrzeuge zerstört.

In größerer Zahl bereitete der T-34 – und natürlich auch der schwere KV I – den deutschen Truppen beträchtliche Probleme. Im Oktober 1941 fügte ein größerer Verband mit T-34 der 4. Panzerdivision erhebliche Verluste zu. Dieser Panzer war allen damaligen deutschen gepanzerten Kampffahrzeugen weit überlegen und stellte den Mythos der deutschen Unbesiegbarkeit ernsthaft in Frage. Die anscheinende Unverwundbarkeit des T-34 hatte natürlich negative Auswirkungen auf die Moral der deutschen Soldaten, denn sie wussten nicht, womit sie ihn bekämpfen sollten.

Die Besorgnis über den T-34 erfasste nicht nur die Männer, die unmittelbar gegen ihn kämpfen mussten, sondern auch die höheren Offiziere. Guderian wusste sofort, dass die Wehrmacht eine Waffe brauchte, die dem neuen sowjetischen Panzer gewachsen war und ihr Panzerprogramm in aller Eile

LINKS: Erprobung eines fabrikneuen Panther Ausf D im Jahr 1943. Die ersten Modelle litten an zahlreichen Kinderkrankheiten und mussten vor dem Kampfeinsatz zahlreichen Änderungen unterzogen werden.

OBEN: Ein Blick auf die lange Bordkanone 7,5 cm KwK L/70, die auf große Entfernungen fast jeden Panzer der Alliierten knacken konnte.

überdenken musste. Bislang hatte es nämlich keinerlei Absichten gegeben, den bewährten PzKpfw IV zu ersetzen. Guderian fasste die Situation zusammen, wie sie sich ihm Ende 1941 darstellte:

„Zahlreiche T-34 gingen in den Einsatz und fügten den deutschen Panzern schwere Verluste zu. Bis zu diesem Zeitpunkt war unsere Panzertruppe überlegen gewesen, nun war es genau anders herum. Die Aussicht auf rasche, entscheidende Siege schwand natürlich. Ich machte einen Bericht über diese Situation, die für uns neu war, und schickte ihn an die Heeresgruppe. In diesem Bericht beschrieb ich in klaren Worten die eindeutige Überlegenheit des T-34 über unsere Panzer und zog die entsprechenden Schlussfolgerungen für unseren künftigen Panzerbau. Zum Abschluss drang ich darauf, sofort eine Kommission an meinen Frontabschnitt zu schicken, bestehend aus Vertretern des Heeresmaterialamts, des Rüstungsministeriums, den Panzerkonstrukteuren und den Firmen, die die Panzer bauen...die Offiziere an der Front waren der Meinung, dass wir den T-34 einfach nachbauen sollten, weil das die schnellste Möglichkeit wäre, die höchst prekäre Situation der deutschen Panzertruppe zu verbessern."

DAS PROGRAMM ZUR ABLÖSUNG VON PZKPFW III UND PZKPFW IV

Die Ursprünge der Konstruktion des Panther gehen auf das Jahr 1938 zurück, als das Waffenprüfamt 6 (WaPrüf 6), die für die Entwicklung und Beschaffung von gepanzerten Kampffahrzeugen zuständige Abteilung des Heereswaffenamts, die Vorgaben für einen Nachfolger von PzKpfw III und PzKpfw IV herausgab. Ernst Kniepkamp vom Waffenprüfamt 6 hatte genaue Vorstellungen, wie er das Laufwerk des neuen Panzers haben wollte: große Laufrollen, Drehstabfederung, modernste Motoren, halbautomatische servounterstützte Getriebe und eine fortschrittliche Lenkung. Hier lohnt es sich, etwas näher auf das System der Wehrmacht zur Beschaffung einzugehen. Das Waffenprüfamt 6 war zuständig für die technischen Vorgaben und für die Finanzierung der einzelnen Entwicklungen der verschiedenen privaten Unternehmen. Es übernahm dann das Modell, das es für am besten geeignet hielt und modifizierte es nach seinen Vorstellungen. Dieses System hatte sich bereits bei den ersten gepanzerten Kampffahrzeugen von 1915 herausgebildet und wurde bis zum Ende des Zweiten Weltkriegs beibehalten. Es war ausreichend flexibel, und oft wurden die Firmen bei Bedarf zur Zusammenarbeit herangezogen. Wenn große Stückzahlen erforderlich waren, wurden die Aufträge an mehrere Firmen verteilt, sogar an diejenigen, deren eigene Konstruktionen keinen Zuschlag erhalten hatten.

Den ersten Auftrag über den VK 2001, einen Panzer der 20-t-Klasse, erhielt Daimler-Benz. Der VK 2001 war eine völlig neue Konstruktion und einer der ersten Panzer mit dem so genannten Schachtellaufwerk. Die Vorzüge dieses Systems lagen in der kürzeren Auflagefläche der Ketten, die das Lenken vereinfachte, und in der gleichmäßigen Verteilung des Gewichts auf relativ große Laufrollen. Diese größeren Laufrollen waren haltbarer und sorgten für bessere Fahreigenschaften in schwierigem Gelände. Sie verringerten auch den Fahrwiderstand und erhöhten damit die Lebensdauer der Reifen. Die

RECHTS: Ein Turm wird eingepasst. Die Panther wurden in vier Fabriken gebaut: MAN (Nürnberg), Daimler-Benz (Berlin), Henschel und Sohn (Kassel) und MNH (Hannover).

PzKpfw V Panther Ausf. G

1 Kanone 7,5 cm KwK L/70
2 7,92-mm-MG 34
3 7,92-mm-MG 34
4 Lüfter
5 Kommandantenkuppel
6 Waffengehäuse
7 Zielfernrohr TZF 12a
8 Ladeluke/Notausstieg
9 Kopfhörer des Kommandanten
10 Luke des Funkers
11 Schwenkgetriebe
12 Höhenrichthandrad
13 Motorlüfter
14 Kühllufteinlass
15 7,5-cm-Munition
16 Ausgleichs-/Höhenrichtgetriebe
17 Rückstoßausgleicher
18 Staufach für verbrauchte 7,5-cm-Munition
19 Maybach-Motor
20 Waffenreinigungszeug
21 Reserve-Kettenglieder
22 Munition für 7,92-mm-MG 34
23 Sitz des Richtschützen
24 Sitz des Funkers
25 Instrumententafel
26 Behälter für verbrauchte Munition für 7,92-mm-MG 34
27 Hydraulische Seitenrichtanlage
28 Kompressor
29 Bremsgestänge
30 Lenkhebel
31 Fahrersitz
32 Fußpedal für 7,92-mm-MG 34
33 Kühlluftschacht für Kettenbremse
34 Getriebe
35 Kettenbremse
36 Öldruckpumpe
37 Batterien
38 Endantrieb
39 Kettenantriebsrad
40 Stützrolle
41 Anschlag für Federung
42 Stoßdämpfer
43 Schwingenlager
44 Kurbelarm
45 Verschachtelte Laufrollen
46 Leitrad
47 Drehstabfederung

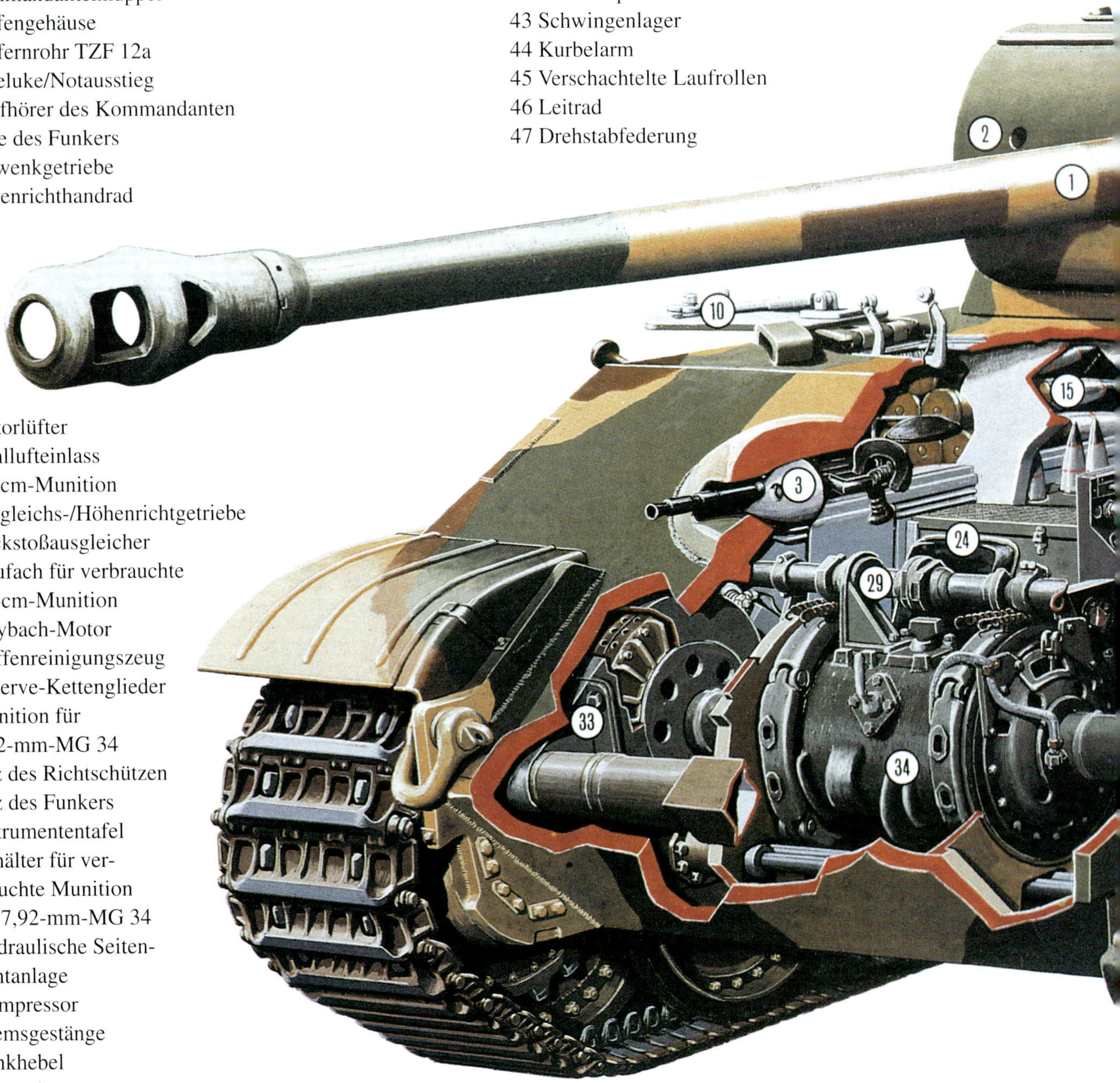

4
5
6
7
8
9
11
12
13
14
16
17
18
19
20
21
22
23
26
27
28
30
31
32
36
37
38
39
40
41
42
43
44
45
46
47

vorherigen deutschen Panzer hatten in der Regel kleine Laufrollen gehabt. Diese verschachtelte Anordnung wurde auch in der endgültigen Konstruktion des Panther verwirklicht. Daimler-Benz entschied sich, den VK 2001 mit dem Dieselmotor MB 809 auszurüsten, der im Juni 1940 fertig geworden war.

Kniepkamp hatte sich auch an Krupp gewandt und eine Version des VK 2001 in Auftrag gegeben. Im Mai 1940 präsentierte Krupp den VK 2001 (K), der mit einem Maybach-Motor HL 115 oder HL 116, einer 5-cm-Kanone und einer 50 mm starken Frontpanzerung ausgerüstet war. Im Oktober des gleichen Jahres erhielt Krupp vom Waffenprüfamt 6 einen Auftrag über drei VK 2001 (K). Gleichzeitig baute Krupp auch den schwereren VK 2301 (K). Allerdings verfügten weder die Panzer von Daimler-Benz noch die von Krupp über die von Kniepkamp geforderte Drehstabfederung. Daher wandte Kniepkamp sich an MAN. Bereits im Oktober 1940 konnte MAN die Pläne für einen VK 2001 (M) mit Schachtellaufwerk und Drehstabfederung vorlegen. Daraufhin gab das Waffenprüfamt bei MAN eine verbesserte Version unter der Bezeichnung VK 2002 (M) in Auftrag. Diese sollte über sechs 180-mm-Laufrollen, Drehstabfederung und einen Maybach-Motor HL 90 verfügen. Die Wanne sollte vorn mit 50 mm starken Panzerplatten, seitlich und hinten mit 40-mm-Platten geschützt sein.

Als Reaktion auf den Erfolg der abgeschrägten Panzerung der sowjetischen Panzer, mit denen sich die Wehrmacht nun an der Front auseinander zu setzen hatte, baute MAN im November 1941 eine neue Wanne mit abgeschrägter Front für den VK 2002 (M). Trotz dieser umfangreichen Entwicklungen rechnete keine der Firmen mit einem Großauftrag für einen Kampfpanzer auf der Grundlage der VK-20-Modelle. Nach den bis dahin gezeigten Leistungen schien der PzKpfw IV den

UNTEN: An der Seite dieser Ausf D befindet sich der Pistolenschlitz unter einem nicht serienmäßigen Behälter. Diese feldmäßigen Modifikationen kamen recht häufig vor.

Bedürfnissen der Wehrmacht im Moment noch völlig zu genügen.

Die Ereignisse an der Ostfront sollten aber drastische Auswirkungen auf die weitere Entwicklung haben. Der PzKpfw IV war dem T-34 eindeutig unterlegen und benötigte nun unbedingt einen Nachfolger. Anstatt noch mehr in die Weiterentwicklung des VK-20-Programms zu investieren, glaubte man nun, einen völlig neuen Panzer in einer ganz anderen Gewichtsklasse zu brauchen. Diese Entscheidung fiel gegen den Rat des Waffenprüfamts 6. Der Rüstungsminister Fritz Todt erklärte, dass ein 30-t-Panzer entwickelt und gebaut werden musste. Der Leiter des Prüfamts, Oberst Fichtner, hielt das für einen Irrweg und behauptete in einer Besprechung am 17. Dezember 1941, dass dies seiner Meinung nach Zeitverschwendung sei, denn der 30-t-Panzer müsste vollkommen neu entwickelt werden. Fichtner war dafür, die Konstruktionen auf der Basis des VK 20 weiterzuentwickeln, da einige schon fast vor der Vollendung standen. Ein schwererer Panzer würde auch geringere Stückzahlen bedeuten, und viele Firmen wären

überhaupt nicht in der Lage gewesen, einen 30-Tonner zu bauen. Was den Einsatz dieses neuen Panzers im Feld betraf, so waren die Pionierbrücken der Wehrmacht gar nicht auf derart schwere Fahrzeuge ausgelegt. Auch die meisten Straßenbrücken in Europa hätten davor kapitulieren müssen. Ein Panzer dieser Gewichtsklasse hätte also die Flussbetten durchwaten müssen, und mit diesem Problem hatte man sich in Deutschland überhaupt noch nicht befasst. Natürlich setzte sich Todt trotzdem gegen Fichtner durch.

GUDERIANS PANZERKOMMISSION UND DIE VORGABEN FÜR DEN VK 30

Als Antwort auf Guderians Forderungen nach einem Panzer, der den T-34 schlagen konnte, wurde eine spezielle Panzerkommission zur Panzertruppe des Generaloberst entsandt, um sich aus erster Hand über die Lage der deutschen Panzersoldaten zu informieren. Guderians Männer konnten in der Regel eine einfache Lösung anbieten. „Die Frontoffiziere waren der Meinung, dass wir den T-34 einfach nachbauen sollten, denn so könnte man die deutsche Panzertruppe am schnellsten aus ihrer misslichen Lage befreien." Ganz so einfach war die Lösung natürlich doch nicht. Guderian selbst wies darauf hin, dass „es nicht möglich war, bestimmte wichtige Komponenten des T-34 – besonders die Dieselmotoren aus Aluminium – in der kurzen Zeit nachzubauen. Auch was die Stahllegierungen anbetrifft, waren wir gegenüber den Russen im Nachteil, da uns die Rohmaterialien fehlten." Trotzdem sollte der spätere Panther einige Merkmale des T-34 aufweisen. Insgesamt aber verfolgten Deutschland und die Sowjetunion völlig unterschiedliche Philosophien beim Bau ihrer Panzer. Für die Konstrukteure des T-34 beispielsweise waren Ergonomie und Komfort Fremdwörter. Der Innenraum war roh und schlicht ausgestattet, galt aber als gut genug für die hartgesottenen sowjetischen Panzersoldaten. Guderian hingegen legte viel Wert auf eine angenehme Arbeitsumgebung für seine Soldaten und hatte anfangs sogar gefordert, die Panzerbesatzungen mit der gleichen Sorgfalt auszuwählen wie die Flugzeugbesatzungen der Luftwaffe. Die PzKpfw III und IV hatten jeweils fünf Mann, einen mehr als ihre sowjetischen, französischen und britischen Gegner. So konnte man der Überlastung der Besatzung vorbeugen. Die deutschen Panzer war darüber hinaus angenehm zu fahren und technisch höchst aufwändig. Mit einer derartigen Konstruktions- und Einsatzphilosophie konnte man einfach keine exakte Kopie des ungehobelten, aber äußerst wirksamen T-34 bauen.

Die Kommission, angeführt von Fichtner vom Waffenprüfamt 6, bestand aus Vertretern der deutschen Industrie und den wichtigsten Konstrukteuren, darunter Kniepkamp und Major Ruden vom Wa Prüf 6, Professor Ferdinand Porsche sowie Vertretern von Steyr, den Vereinigten Stahlwerken, Daimler-Benz, Krupp, Henschel, MAN und Rheinmetall. Sie trafen am 18. November 1941 in Guderians Hauptquartier ein, wo Guderian sie zur Begrüßung über die Probleme der deutschen Panzertruppe informierte. Während der gesamten Feld-

OBEN: Die Nahaufnahme des Turms zeigt die Zimmerit-Paste. Die Fu 8-Antenne hinter der Kommandantenkuppel zeigt, dass es sich um einen Befehlspanther handelt.

züge in Polen und Frankreich und auch während der ersten Tage in der Sowjetunion waren die deutschen Panzer seiner Ansicht nach ihren Feinden überlegen gewesen. Nun gab es aber eine völlig neue Lage. Guderian erklärte dem Ausschuss: „Mit dem neuen Panzer sollte die vorherige Überlegenheit wiederhergestellt werden." In der Sowjetunion war die Wehrmacht auf unerwartet schwieriges Gelände aller Art gestoßen. Im Sommer hatte die „unerwartet starke" Staubbildung die Motoren beschädigt. Im Herbst waren die unausgebauten Straßen und auch das Gelände mit Schlamm bedeckt. Die deutschen Panzer fuhren sich immer wieder fest. Man brauchte dringend eine Lösung, um den Bodendruck der Ketten zu reduzieren. Im Winter rutschten die Ketten auf dem Eis, und durch die Kälte versprödete das Metall. Das war aber noch nicht das Schlimmste: auch die Soldaten mussten sich bald mit arktischen Temperaturen und Schneetreiben auseinander setzen. Der T-34 und der KV I ließen sich in der Regel durch die deutschen Waffen nicht zerstören. Daher drang Guderian auf „eine neue Kanone, die die russischen Panzer auf eine Entfernung durchschlagen kann, auf die ihre eigenen Kanonen noch unwirksam sind". Die 76,2-mm-Kanone der sowjetischen Panzer war die wirksamste Waffe an der Ostfront und erforderte eine stärkere Panzerung. Guderian bestand außerdem darauf, dass jede neue Konstruktion „ein besseres Laufwerk mit breiteren Ketten ... und einen stärkeren Motor...haben sollte. Besonders ist auf ein günstiges Leistungsgewicht zu achten. Außerdem muss der Panzer endlich in der Lage sein, zu allen Jahreszeiten Feldwege und Geländestrecken zu überwinden."

Die Panzerkommission besuchte eine Instandsetzungskompanie, wo man ihr Vorschläge zur Verbesserung der Luftfilter und Heizungen machte, um den russischen Staub fernzuhalten. Sie sprachen mit den Inst-Offizieren, besuchten Orte vergangener Schlachten, inspizierten russische Panzer und trafen sich mit Panzerinstandsetzungs- und Bergetrupps vom 14. Panzerkorps. Guderian traf am 21. November 1941 erneut mit der Panzerkommission zusammen und umriss seine Prioritäten für die neuen Panzer: erstens eine schwerere Bewaffnung, zweitens eine höhere taktische Beweglichkeit und drittens verbesserten Panzerschutz. Er betonte, dass er spätestens zur nächsten Offensive Waffen benötigte, die die neuen sowjetischen Panzer zerstören konnten.

Von 1937 an hatte eine Reihe von Firmen parallel zur Entwicklung des VK 2001 an den Vorgaben zum VK 3001 gearbeitet. Daimler-Benz, Henschel, MAN und Porsche hatten sich auf diesem Gebiet versucht. Henschel hatte vier Prototypen im Rahmen des VK-3001-Programms fertig gestellt, zwei im März 1941 und zwei weitere im Oktober des gleichen Jahres. Nach der Empfehlung der Panzerkommission wurde das Programm eingestellt, und die vier Prototypen dienten als Selbstfahrlafetten für 128-mm-Geschütze. Henschel wandte sich dann der Entwicklung eines 45-t-Panzers zu, der eine 88-mm-Kanone erhalten sollte. Das sollte die Grundlage für den berühmten Tiger werden. Porsche war 1939 in das VK-3001-Programm eingestiegen und hatte 1940 zwei Prototypen fertig, die einer gründlichen Erprobung unterzogen wurden. Nach den Erfahrungen der Panzerkommission wandte sich aber auch Porsche dem Tiger-Programm zu.

MAN und Daimler-Benz arbeiteten weiterhin in der 30-t-Klasse. Beide Firmen erhielten am 25. November 1941 Aufträge vom Waffenprüfamt 6, unter der Bezeichnung VK 3002 einen Panzer zu entwickeln, der schon während der Entwicklung bei MAN und Daimler-Benz „Panther" getauft wurde. Die Vorgaben verlangten einen Panzer mit 60-mm-Panzerung vorn und 40 mm an den Seiten. Nach dem Vorbild des T-34 sollte die Frontpanzerung abgeschrägt werden. Die Höchstgeschwindigkeit des VK 3002 sollte bei 55 km/h liegen, die realistische Dauergeschwindigkeit bei 40 km/h. Am 22. Januar 1942 trafen sich zwei Ingenieure von MAN, Meyer und Wiebicke, mit Oberst Fichtner, Oberstleutnant von Wilcke, Major Crohn und Kniepkamp von Wa Prüf 6. Dort erfuhren sie, dass man das Kampfgewicht des VK 3002 auf 35 t angehoben hatte. Außerdem zeigte man ihnen ein Modell eines Vorschlags von Daimler-Benz, das dem T-34 stark ähnelte. Da Daimler-Benz zugesagt hatte, das erste Erprobungsfahrzeug im Mai 1942 auszuliefern, versprachen sie, den MAN im gleichen Monat zu präsentieren.

DER DAIMLER-BENZ

Daimler-Benz baute seinen VK 3002 (DB) mit einem Dieselmotor. Der MB 507 war eine Weiterentwicklung des Daimler-Benz-Flugmotors M 71, angepasst an den Einsatz in gepanzerten Kampffahrzeugen. Es handelte sich um eine ausgezeichnete Konstruktion, die mehr Drehmoment und eine günstigere Drehmomentkurve aufwies und damit für mehr Durchzugskraft bei niedrigeren Geschwindigkeiten sorgte. Der Dieselkraftstoff hatte ebenfalls seine Vorteile, denn er war längst nicht so feuergefährlich. Daneben baute Daimler-Benz eine Version mit dem Vergasermotor MB 503 sowie drei Fahrzeuge mit dem Maybach HL 210. Die Aufhängung verfügte über Blattfedern anstelle der geforderten Drehstäbe. Die außen liegenden Blattfedern waren leicht zugänglich, was für einfache Wartung sorgte. Außerdem sorgten sie bei geringer Außenhöhe für eine beträchtliche Höhe des Innenraums. Das Getriebe saß hinten und schuf dadurch mehr Platz für die Kanone. Gleichzeitig wurde das bereits lauffähige Chassis des VK 3001 (DB) erprobt und mit einer zusätzlichen Lenkung und Lenkhebeln versehen. Diese neue hydraulische Lenkung ermöglichte auch eine Fernbedienung, und damit konnte der Fahrer, falls gefordert, sogar im Turm sitzen. Diese Ideen aus der Erprobung des VK 3001 wurden auf den VK 3002 (DB) übertragen. Das Gesamtgewicht des Prototypen lag bei 34 t und die Höchstgeschwindigkeit bei 54 km/h. Neben einem Maybach-OLVAR-Achtganggetriebe mit Dauereingriff, gelenkt über eine Kupplungsbremse, verfügte das Fahrzeug über eine hydraulische Mehrscheibenkupplung. Das gleiche System kam bei der Lenkung zum Einsatz. Zum Wenden auf der Stelle konnte die kurveninnere Kette einfach blockiert werden. Dann drehte sich der VK 3002 auf dieser Kette. Die Rollenwagen ähnelten denen des T-34, aber wegen des knappen Materials fehlten die Gummireifen. Insgesamt fiel den MAN-Ingenieuren auf, dass die ganze Konstruktion stark an den T-34 erinnerte.

Daimler-Benz war recht stolz auf seinen Prototypen und glaubte, dass der VK 3002 (DB) dem MAN überlegen wäre. Dr. Kissel vom Vorstand des Werks war sich auch ziemlich sicher, Reichsminister Todt von den Vorzügen des Panzers überzeugt zu haben. Im Februar 1942 schrieb er an einen seiner Kollegen: „Sie werden sich sehr freuen zu hören, dass es möglich war, den Reichsminister zu überzeugen, dass eine Entscheidung zu Gunsten unseres Vorschlags die richtige ist. Wenn der Entschluss getroffen sein wird, werden die Herren vom Heereswaffenamt und von MAN bestimmt erstaunt

BEZEICHNUNGEN DER PANZER

Die deutschen Panzerkampfwagen im Zweiten Weltkrieg erhielten zunächst die Abkürzung PzKw. Das sorgte aber für Verwirrung, denn Mannschaftstransporter trugen die Abkürzung PKw. Etwa in der Mitte des Krieges erhielten die Panzer dann die Abkürzung PzKpfw bzw. Pz.Kpfw. Die einzelnen Typen wurden durch römische Zahlen voneinander unterschieden – z.B. PzKpfw IV – während die einzelnen Versionen dieser Typen als Ausführung mit einem Großbuchstaben bezeichnet wurden, normalerweise abgekürzt zu Ausf.

Alle Fahrzeuge der Wehrmacht hatten daneben eine spezielle Sonderkraftfahrzeug-Nummer (SdKfz), die bei allen Versionen gleich war. So wurden alle 12 Versionen des PzKpfw III als SdKfz 141 bezeichnet. Nur für wichtige Versionen gab es eine eigene Nummer.

Die letzten drei Panzer im Krieg erhielten zusätzlich einen Namen: Tiger, Panther und Tiger II. Die Bezeichnung lautete nun z.B. PzKpfw V Panther Ausf G. Einige Bezeichnungen wurden nachträglich geändert: Aus dem PzKpfw VI Tiger Ausf H wurde so später der PzKpfw VI Tiger I Ausf E. Die Ausführungen wurden nicht immer in alphabetischer Reihenfolge bezeichnet, und es wurden nicht alle Buchstaben verwendet. Beim Panther gab es ein paar Ausf A (später umbenannt), während die Ausf B und C nie eingeführt wurden. Ausf D war das erste Serienmodell, Ausf A das zweite und Ausf G das letzte. Unterversionen trugen gelegentlich eine arabische Zahl, so z.B. PzKpfw IV Ausf F2.

Gleiche Typen mit unterschiedlicher Bordkanone wurden mit Bezug auf diese Waffe unterschieden. Fast jede Bezeichnung war möglich, solange sie der Unterscheidung diente.

Von 1938 an wurden Prototypen und Versuchsfahrzeuge zunächst als VK (Vollkettenfahrzeug), gefolgt von einer vierstelligen Zahl, bezeichnet. Die ersten beiden Ziffern beziehen sich auf das Gewicht in Tonnen, die letzten beiden kennzeichneten die einzelnen Prototypen. Wenn zwei oder mehr Hersteller die gleichen Vorgaben erhielten, diente die Abkürzung ihrer Namen zur Unterscheidung: Der VK 3001 (H) wurde z. B. von Henschel entwickelt. Von 1943 an erhielten Versuchs- und Entwicklungsfahrzeuge die Abkürzung E (für Entwicklungstyp), gefolgt von der ungefähren Gewichtsklasse.

sein." Die Mitarbeiter von Wa Prüf 6 waren weniger begeistert von der anscheinenden Bevorzugung von Daimler-Benz. Die MAN-Ingenieure Wiebicke und Reif berichteten, dass „Kniepkamp (von Wa Prüf 6) darüber sehr aufgebracht war".

Todt verunglückte im Februar 1942 bei einem Flugzeugabsturz und wurde durch Albert Speer abgelöst. Auch Speer schien den Panzer von Daimler-Benz zu bevorzugen, denn er meldete am 5. März 1942:

„Auf Grund meiner Empfehlung befahl Hitler, die Aufträge für alle erforderlichen Vorbereitungen zur Entwicklung einer Serie von Daimler-Benz-Panzern zu erteilen und Daimler-Benz einen Auftrag über 200 Fahrzeuge zu geben. Hitler hielt den Panther von Daimler-Benz für besser als den von MAN. Angesichts der unterschiedlichen Konstruktionsmerkmale glaubte Hitler, dass der Daimler-Benz in fast jeder Hinsicht überlegen sei."

DER MAN

Obwohl die Konstruktion von MAN in der zweiten Hälfte dieses Kapitels in aller Ausführlichkeit beschrieben wird, lohnt es sich doch, eine wichtige Merkmale des MAN VK 3002 (M) vorab zu erwähnen, um eine Vorstellung davon zu geben, welche Wahl die Kommission zwischen den Konstruktionen von MAN und Daimler-Benz hatte.

Der Panzer von MAN war wohlgeformt und zeigte ebenfalls, dass man die Vorteile der abgeschrägten Panzerung des T-34 zu schätzen wusste. Er war allerdings zu schwer geraten und vom Profil her zu hoch, als dass er den PzKpfw IV als mittlerer Panzer hätte ablösen können. Die ständigen Modifikation während der Entwicklung hatten das Gewicht von 35 t auf 43 t hochgetrieben. Angetrieben wurde der VK 3002 (M) von einem Maybach HL 210, der aber eigentlich bereits als zu schwach galt. Der Panther von MAN hatte wie gefordert eine Drehstabfederung für die acht verschachtelten Laufrollen, ein Getriebe AK 7/200 von der Zahnradfabrik Friedrichshafen und ein Kupplungs-Lenkgetriebe.

DIE WAHL ZWISCHEN MAN UND DAIMLER-BENZ

Hitler ernannte eine spezielle Kommission, bestehend aus Oberst Thomale vom Inspektorat 6, zuständig für die Beschaffung von Panzern, und Prof. Dr. Ing. von Eberan von der Technischen Hochschule Dresden, um die Konstruktionen zu prüfen und einen Vorschlag zu machen, welcher Panther in die Serienproduktion gehen sollte. Anders als ihre Vorgänger wandte die Kommission sich gegen den Daimler-Benz. Der Bericht vom 11. Mai 1942 sprach sich einstimmig für den

UNTEN: Von vorn nach hinten: ein Panther, ein amerikanischer Grant und ein Tiger vor einem Hindernis in Italien. Wahrscheinlich handelt es sich um einen Vergleich oder eine Erprobung.

MAN aus, und die Entscheidung wurde dem Vorsitzenden der Kommission mitgeteilt. Die Kommission war der Meinung, dass Daimler-Benz versäumt hatte, einen Turm für seinen Panther zu entwickeln, denn der Vorschlag war noch nicht ausgereift, was die Produktion bis zum Dezember 1942 verzögert hätte.
Der Drehkranz war um 50 mm kleiner als der des MAN, sodass auch der Rheinmetall-Turm nicht passte, der parallel zu den Arbeiten bei Daimler-Benz und MAN entwickelt worden war. Rheinmetall-Borsig hatte den Auftrag zum Bau einer 7,5-cm-Kanone und eines entsprechenden Turms für den VK 3002 im Juli 1941 erhalten. So stand das Chassis von Daimler-Benz nun ohne Turm da. Nach Aussage der Kommission war das Chassis des MAN-Panther die bessere Waffenplattform. Sein Motorraum war so ausgelegt, dass Tauchfahrten ohne große Umbauten durchgeführt werden konnten. Dies konnte später entscheidend sein, denn bei dem Gewicht des Panzers konnte man sich nicht mehr auf Brücken verlassen. Zusammen mit dem Maybach-Motor hatte der MAN auch eindeutig die größere Reichweite. Hitler erhielt den Bericht der Kommission am 13. Mai 1942. Er hielt die Panzerung für zu schwach, war aber sonst mit den Aussagen einverstanden. Seine Entscheidung gab er bekannt, nachdem er eine Nacht darüber geschlafen hatte. Er wusste natürlich auch, wie wichtig es war, den Panzer so schnell wie möglich in Serie zu bauen. Er erklärte sich mit allen Empfehlungen der Kommission einverstanden. Mit dieser Unterstützung von höchster Ebene war klar, dass der MAN-Panther gebaut werden würde. Am 15. Mai 1942 rief Fichtner von Wa Prüf 6 bei MAN an und gab die Entscheidung des Führers bekannt. Die Entwicklung bei Daimler-Benz wurde daraufhin sofort eingestellt.

Der Vorstand von Daimler-Benz trat am 3. Juni 1942 zusammen, um die Gründe der Niederlage zu erörtern. Sie trösteten sich damit, dass zunächst viele Experten ihren Vorschlag unterstützt hätten und sogar Hitler damit einverstanden war. Thomale und Eberan hielten den Daimler-Benz aus folgenden Gründen für schlechter: er verfügte über Blattfedern, wo eindeutig eine doppelte Drehstabfederung gefordert war, und außerdem war die Kommission der Meinung, dass der MB 507 nicht schnell genug in der erforderlichen Stückzahl gebaut werden konnte. Der entscheidende Punkt war aber der Turm. Der Daimler-Benz benötigte einen ganz neuen Turm, während der MAN bereits einen hatte.

Am 4. Juni 1942 forderte Hitler, die Frontpanzerung am Panther weiter zu verstärken. Die von ihm im Mai zunächst geforderte Erhöhung auf 80 mm reichte ihm nun nicht mehr. Alle senkrechten Frontplatten mussten nun mindestens 100 mm stark sein. Am gleichen Tag gab es eine Besprechung zwischen den vier Firmen, die den Panther VK 3002 bauen würden: MAN, Daimler-Benz, Henschel und MNH. Dabei wollte man sich auf die Standardisierung der Produktion einigen. MAN erhielt einen Auftrag, bis Ende August ein Erprobungschassis und bis September 1942 einen kompletten Panzer mit Turm zu bauen. Im Herbst war der Auftrag erfüllt. Der erste Versuchs-Panther Fgst Nr. V1, ein Erprobungschassis ohne Turm, war im September fertig. Da der Turm noch fehlte, wurde ein Gewicht als Ausgleich auf das Chassis montiert. Zusammen mit dem inzwischen fertig gestellten Chassis Nr. 2 (mit Turm) stellte er zwischen dem 8. und 14. November 1942 auf dem Erprobungsplatz Berka bei Eisenach seine Qualitäten zur allgemeinen Zufriedenheit unter Beweis. Speer und Wa Prüf 6 waren zumindest so zufrieden, dass sie zunächst 1000 Panther Ausf D (wie das erste Serienmodell hieß) bei MAN, Daimler-Benz, Henschel und MNH in Auftrag gaben. Das neue Fahrzeug erhielt die Bezeichnung PzKpfw V Panther. Nachdem er in Dienst gestellt war, wurde er als SdKfz (Sonderkraftfahrzeug) 171 klassifiziert, womit er im deutschen Waffensystem seine eigene Nummer hatte. Die verschiedenen Ausführungen D, A und G behielten stets diese Nummer bei. Nur Versionen, die besonders stark vom Standardmodell abwichen, hatten ihre eigene Nummer, wie der Panzerbefehlswagen Panther (SdKfz 267 und 268) oder der Bergepanther (SdKfz 179).

Oben: Frontansicht eines Panther Ausf D, zu erkennen am Schlitz links für das MG des Funkers. Ein Ausf G steht im Hintergrund.

Oben: Zum Schutz gegen Panzerabwehrwaffen trägt dieser Panther zusätzliche Kettenglieder am Turm. Ein Teil der seitlichen Schürzen fehlt bereits.

DIE KONSTRUKTION DES PZKPFW V PANTHER

Gemessen an den Standards des Zweiten Weltkriegs war der Panther eine recht konventionelle Konstruktion und folgte dem Muster der anderen deutschen Panzer. Fahrer- und Getrieberaum saßen vorn, Kampfraum und Turm waren in der Mitte, und der Motor war im Heck eingebaut. Auch die Verteilung der einzelnen Besatzungsmitglieder folgte dem üblichen deutschen Schema. Fahrer und MG-Schütze/Funker saßen im vorderen Kampfraum; Richtschütze, Ladeschütze und Kommandant dagegen im Turm.

LAUFWERK UND AUFHÄNGUNG

Das Laufwerk verfügte über acht Sätze ineinander verschachtelter Laufrollen auf jeder Seite. Diese Laufrollen saßen an doppelten Federstäben, die quer liegend angeordnet waren. Das innere Ende war jeweils über einen Schwenkhebel mit einem weiteren Federstab verbunden, dessen anderes Ende an der Seite des Panzers befestigt war. Dieser geknickte Stab sorgte für die doppelte Länge und ermöglichte den Verzicht auf Längsstäbe, wobei er trotzdem für die richtige Federung bei normalen Fahrbedingungen und gleichzeitig für genügend Steifheit bei außerordentlich starken Stößen sorgte. Mit diesem System hatte der Panther das beste Laufwerk aller deutschen Panzer. Da die Aufhängung seitlich innerhalb des Fahrzeugs angebracht war, war sie gleichzeitig gut durch die Panzerung geschützt. Allerdings nahm das System auch kostbaren gepanzerten Raum weg und erhöhte das Gewicht des Panzers.

Auf jeder Achse saß eine Laufrolle, bestehend aus zwei paarweise angeordneten Scheiben mit Reifen. Die inneren und äußeren Scheiben saßen auf einer Achse dicht beieinander und – wegen der verschachtelten Anordnung – auf der anderen Achse weit auseinander. So konnte der äußere Rand der dicht zusammen angeordneten Laufrolle dazwischen greifen. Diese Anordnung setzte sich über die gesamte Länge fort. Dank der ineinander verschachtelten Laufrollen konnten mehr Achsen untergebracht werden, was für einen besseren Fahrkomfort und eine gleichmäßigere Verteilung des Gewichts über die gesamte Kette sorgte als bei anderen konventionelleren Systemen. Was in der Theorie sehr attraktive Vorteile brachte, sorgte in der Praxis aber dafür, dass Matsch, Schlamm und Schnee zwischen die Laufrollen geraten konnten. Im harten russischen Winter gab dies besonderen Anlass zur Besorgnis, denn die Schlammreste froren fest und machten jede Bewegung der Laufrollen unmöglich. Vom Gesichtspunkt der Wartung gesehen, war die Anordnung ebenfalls wenig vorteilhaft, denn um eine der inneren Rollen zu entfernen, mussten vier andere abgenommen werden.

Die Laufrollen selbst hatten einen Durchmesser von 860 mm und waren mit Gummireifen bestückt. Von September 1944 an baute MAN bei einigen Exemplaren der Ausf G stählerne Laufrollen mit innen liegenden Gummipuffern ein. Diese Laufrollen entsprachen denen, die teilweise beim Tiger

I und bei allen Königstigern II zum Einsatz kamen. Einige der letzten Ausf G, die im März/April 1945 bei MAN gebaut wurden, hatten sogar Laufrollen mit Stahlreifen. Ob dies als konstruktive Verbesserung galt oder auf den Mangel an Gummi zurückzuführen ist, lässt sich nicht mehr eindeutig klären. Das Laufwerk wurde durch ein paar Kettenräder vorn und Leiträder hinten – die gleichzeitig als Kettenspanner dienten – sowie zwei hydraulische Stoßdämpfer und eine Stützrolle auf jeder Seite komplettiert. Zur Vereinfachung der Produktion wurden bei der Ausf G ab Oktober 1944 die hinteren Stoßdämpfer weggelassen, was aber an den guten Federungseigenschaften im Gelände kaum etwas änderte. Auf diesem Laufwerk liefen die Ketten des Panther. Die 86 Glieder der ungeschmierten Gleiskette aus Manganstahl wurden je durch einen einzelnen Bolzen zusammengehalten und trugen die Bezeichnung Kgs 64/660/160, d.h. die Kette war 660 mm breit und der Abstand zwischen den einzelnen Kettenbolzen betrug 160 mm. Die Ketten waren für den 35-t-Prototypen entwickelt worden und wurden für das schwerere Serienmodell nicht verbreitert. Trotzdem sorgten sie bei der Ausf D für einen äußerst akzeptablen Bodendruck von 0,723 kg/cm^2, ein guter Wert für ein so schweres Fahrzeug. Der Bodendruck der Ausführungen A und G lag aber schon bei 0,9 bzw. 0,8 kg/cm^2. Im September 1943 wurden neu konstruierte Kettenglieder eingeführt, die über V-förmige Stollen verfügten, die einerseits die Traktion verbessern und andererseits ein Durchrutschen auf Eis oder glatten Pflastersteinen verhindern sollten. Bei der Ausf A erhielten die Truppen Eissporen im Rahmen ihrer Winterausrüstung. Diese Sporen wurden auf jedes fünfte bis siebte Kettenglied gesteckt, um die Fahrleistungen auf verschneiten Straßen zu verbessern. Wenn sie montiert waren, galt die Empfehlung, nicht schneller als 15 km/h zu fahren.

WANNE UND PANZERUNG

Bis 1942 waren alle deutschen Panzer im Prinzip rechteckige Schachteln. Front- und Seitenpanzerung waren rechtwinklig zum Boden angebracht. Die Entwickler des Panther hatten sich aber die abgeschrägte Frontpanzerung des T-34 genau angesehen. Sie wussten, dass diese Form für einen ausgezeichneten ballistischen Schutz sorgte und schrägten deshalb die Frontpanzerplatte so ab, dass eintreffende Geschosse nach oben über die Rohrblende abgelenkt wurden. Die Frontpanzerplatte war 80 mm stark und um 55° abgeschrägt. Die Seiten waren senkrecht angeordnet und 40 mm stark, die hintere Platte 40 mm bei 30°. Das Dach war 16 mm stark und die Bodenplatte zwischen 16 und 30 mm. Wanne und Aufbau waren eine zusammenhängende Einheit aus einer dicken, sauber angeschrägten homogen gewalzten und verschweißten Stahlplatte. Die Panzerung war weicher als die früher benutzte dünne

UNTEN: US-Infanteristen untersuchen 1944 einen zerstörten Panther in der Normandie. Die verschachtelten Laufrollen sind gut zu erkennen.

homogene Panzerung, und die Oberfläche war nicht gehärtet. Da aber Gewicht und Größe der Platten für Probleme sorgten, kamen die größten verfügbaren Platten zum Einbau. Die Platten sollten ineinander verzahnt werden und hatten deshalb spezielle Kerben an den Fugen, wo die Schweißnähte saßen. Besonders wurde auf die Qualität der Schweißnähte geachtet, um einerseits die Steifigkeit der Wanne zu erhöhen und andererseits besseren Schutz vor feindlichem Feuer zu bieten. Diese Technik der Verzahnung, ähnlich der Verzapfung bei Holzarbeiten, sorgt dafür, dass die Schweißnähte geringerer Belastung unterliegen als gerade Schweißnähte. Es kam ein austenitisches Lichtbogenschweißsystem zum Einsatz, bei dem die Fuge in einem Schritt geschweißt wurde, und das für eine wirklich homogene Einheit sorgte. Damit war der Panzer in allen Fällen hervorragend geschützt.

Der Panther konnte vom Sherman A2, dem Cromwell und dem Churchill – alle mit der 75-mm-Kanone M3 – auf keine Kampfentfernung von vorn geknackt werden. Der Sherman A4 mit seiner 76-mm-Kanone M1 A1 und der T-34/85 mit seiner 85-mm-Kanone S53 konnten nur die Turmpanzerung von vorn durchschlagen. Um den Panther zu besiegen, musste man ihn schon von der Seite oder von hinten erwischen. Beim Panther Ausf G wurde der Winkel der oberen Wand der Wanne von 40° auf 29° reduziert. Um weiterhin einen ausreichenden Schutz zu garantieren, wurde die Stärke der Wand von 40 auf 50 mm erhöht. Von April 1934 an wurden Schürzen montiert. Diese Schürzen bestanden aus 5 mm starken Weichstahlplatten und sollten den Panzer vor den Geschossen der sowjetischen Panzerbüchsen schützen, die aus kurzer Entfernung abgefeuert wurden. Sie waren aber auch wirksam gegen Treffer von 75-mm-Hohlladungsgeschossen. Obwohl dieser Zweck gar nicht vorgesehen war, boten die Schürzen einen wirkungsvollen Schutz gegen Hohlladungsgeschosse, denn diese explodierten nun, bevor sie den eigentlichen Panzer erreichten, und die Strahlströmung wurde breit gestreut.

Im September 1943 wurden bei jedem neuen Panzer der Ausf D alle senkrechten Flächen, die ein stehender Mann erreichen konnte, mit Zimmerit-Paste behandelt. Diese Paste sollte den Einsatz von Haftminen verhindern. Sie basierte auf einer Nitrolösung und wurde im Zickzackmuster aufgetragen, um bei möglichst geringem Gewicht den Abstand zur Stahloberfläche zu erhöhen. Im September 1944 ordnete Wa Prüf 6 jedoch an, den Einsatz der Zimmerit-Paste einzustellen, da es unzählige Arbeitsstunden kostete, sie aufzutragen und sie danach sechs volle Tage trocknen musste. Als wirklich jeder Panzer an der Front gebraucht wurde, war diese Zeit einfach zu lang.

UNTEN: Eine Panther-Besatzung tarnt ihren Panzer, der auf einem Tiefladewaggon an die Front gebracht wird. Die Ketten waren so breit, dass man beim Transport gut aufpassen musste.

DER MOTOR

Der Motor saß hinten in der Wanne und verfügte auf jeder Seite über einen Kühler und ein Abluftgebläse. Wie bei allen deutschen Panzern – bis auf den PzKpfw 1A mit seinem 60-PS-Motor von Krupp – kamen beim Panther Motoren zum Einsatz, die die Maybach Motorenbau GmbH in Friedrichshafen entwickelt hatte und die bei Maybach und Nordbau in Berlin gebaut wurden. Dieses Monopol von Maybach war zu einem guten Teil der Freundschaft zwischen Dr. Maybach und Kniepkamp von Wa Prüf 6 zu verdanken. Es sollte aber nicht nur Vorteile bringen. Die Motoren war zwar an sich gut, aber gleichzeitig extrem kompliziert, besonders die starke Version, die in den Panther eingebaut wurde. Geübte Fahrer konnten die letzten Reserven aus diesem Motor holen, aber solche Fahrer wurden mit dem Fortgang des Krieges immer seltener. Ursprünglich sollte der Panther mit dem Maybach HL 210 P30 ausgerüstet werden, der auch in die ersten 250 Exemplare des Ausf D eingebaut wurde. Er leistete 650 PS bei 3000 U/min. Das reichte aber für den Panther nicht aus. Da er erheblich schwerer geworden war als zunächst angestrebt, musste für den Panther ein stärkerer Motor gefunden werden. So wurde der HL 210 durch den HL 230 P30 ersetzt. Es handelte sich im Prinzip um den gleichen Motor, allerdings wurde der Hubraum durch eine größere Bohrung der Zylinder von 21 auf 23 l erhöht. Damit war nun praktisch kein Platz mehr zwischen den Zylinderlaufbuchsen. Der HL 230 P30 war ein kurzer wassergekühlter V12-Vergasermotor mit vier Solex-Vergasern. Der Motor wog 1300 kg und verfügte über einen gusseisernen Motorblock. Der HL 230 P30 leistete 700 PS bei 3000 U/min; in der Praxis musste die Drehzahl aber auf 2500 U/min begrenzt werden. Damit war der Panther zwar nicht schneller, beschleunigte aber besser, kam besser Steigungen hoch und konnte schwieriges Gelände mit weniger Belastung für den Motor überwinden. Bei der Ausf G lag das Leistungsgewicht etwa bei 15,6 PS/kg. Die Höchstgeschwindigkeit auf der Straße war mit 46 km/h recht ordentlich, im Gelände reichte es noch für 24 km/h. Die Reichweite betrug 170 km auf der Straße und 89 km im Gelände.

Außerdem erhielt der HL 230 P30 zwei neu entwickelte Luftfilter, die die Einlassluft durch ein Ölbad führten. Damit konnten 99% der Staubpartikel abgefangen werden. Die Abgase liefen über die Krümmer zu zwei Auspuffrohren am Heck, die durch zwei gegossene, später geschweißte Gitter geschützt wurden. Von Juni 1944 an wurden die Seiten der Auspuffrohre mit Blechplatten verkleidet, damit man sie nachts nicht sehen konnte, wenn sie glühend heiß waren. Der Maybach-Motor hatte eine achtfach gelagerte Kurbelwelle, die mit Mühe in den knappen Motorraum passte. Der Zugriff auf den

UNTEN: US-Infanteristen erhalten eine Einweisung über den Panther, der schließlich einer ihrer stärksten Gegner war. Der Notausstieg hinten am Turm ist geöffnet.

OBEN: Deutschen Panzer zum Ende des Krieges. Von vorn nach hinten: ein Sturmgeschütz IV, ein Panther und ein PzKpfw IV. Beim Panther ist der Sehschlitz des Fahrers geöffnet.

Motor erfolgte über eine große Luke im hinteren Deck.

Der Motor saß im Heck des Panzers, und der Kraftfluss verlief über eine Welle unterhalb des Turmbodens nach vorn zum Getriebe, dass zwischen dem Fahrer und dem Funker platziert war. Der Endantrieb führte zu den vorderen Triebrädern.

DER FAHRER

Der Fahrer saß vorn links und hatte das Getriebe rechts neben sich. Der Panther hatte eine konventionelle mechanische Kraftübertragung. Das Getriebe AK7-200 stammte von der Zahnradfabrik Friedrichshafen, einer Tochterfirma von Maybach. Es handelte sich um ein handgeschaltetes synchronisiertes Getriebe mit sieben Vorwärtsgängen und einem Rückwärtsgang. Das Getriebe mit Kupplung und Antriebsrad wog etwa 750 kg und war mit einer Dreischeibentrockenkupplung LAG 3/70 H ausgerüstet. Da sich der Panther radikal von den vorherigen deutschen Panzern unterschied, entwickelte MAN ein neues Lenkgetriebe mit Lenkbremse. Der Fahrer lenkte auf konventionelle Weise, indem er die Ketten mit Hilfe der hydraulischen Argus-Scheibenbremsen bremste. Aber auch das Getriebe konnte zum Lenken benutzt werden. Wenn der Fahrer im direkten Gang des Planetengetriebes über die Steuerkupplung gegen die Richtung des Hauptantriebs fuhr, wurde die Kette auf der entsprechenden Seite verzögert. In jedem Gang konnte das Fahrzeug eine Kurve mit einem bestimmten Radius fahren. Diese Art von Lenkung wird als Einradien-Lenkung bezeichnet. Der Fahrer blickte nach vorn durch einen Sehschlitz in der Frontpanzerplatte, der durch einen Schirm aus Verbundglas geschützt war. Die außen angebrachte gepanzerte Klappe wurde im Gefecht heruntergelassen. Dann wurde die Sicht nach vorn über zwei feste Sehrohre sichergestellt, wovon eines direkt nach vorn und das andere nach links vorn in Richtung 10.30 Uhr zeigte. Da die Sicht mit diesen Geräten doch stark eingeschränkt war, kam später ein drehbares Sehrohr zum Einsatz, wobei gleichzeitig der Sehschlitz des Fahrers zu Gunsten einer durchgehenden Frontpanzerplatte entfiel.

DER MG-SCHÜTZE/FUNKER

Der MG-Schütze/Funker saß vorn rechts. Bei den ersten Exemplaren der Ausf D feuerte er sein 7,92-mm-MG 34 durch eine Art Briefkastenschlitz ab, der in der Frontpanzerplatte unmittelbar vor ihm saß. Dieses eher primitive Arrangement wurde später durch eine gepanzerte Kugelblende abgelöst, in der das MG34 saß. Der MG-Schütze/Funker konnte sein MG um jeweils 5° nach rechts und links schwenken und hatte einen senkrechten Schwenkbereich zwischen –10° und +15°. Bei der Ausf D blickte er durch zwei starre Sehrohre im Dach über ihm, die nach vorn bzw. nach vorn rechts zeigten. Bei den Ausf A und G wurden die Sehrohre für den MG-Schützen weggelassen, denn dort verfügte er über das so genannte Kugelzielfernrohr (KZF) 2, das zusammen mit der neuen Kugelblende zum Einsatz kam. Das geknickte Zielfernrohr hatte eine Vergrößerung von 1,75 und ein Gesichtsfeld von 18°. Das Funkgerät saß rechts auf einem Kasten, der über der Kette hing. Alle Panther verfügten über das Funkgerät FuG 5. Es hatte einen 10-Watt-Sender, einen Kurzwellenempfänger und wurde im Frequenzband zwischen 27 200 und 3 300 MHz betrieben. Die Reichweite variierte zwischen 4 und 6 km, abhängig von Gelände und Wetterbedingungen. Das Gerät enthielt auch eine Bordsprechanlage für die Besatzung. Fahrer und MG-Schütze/Funker erreichten ihre Plätze über zwei Luken im Dach. Da diese Luken je nach Turmschwenkung oft blockiert waren, wurden abwerfbare Deckel entwickelt, damit man im Notfall schnell aus dem Panzer aussteigen konnte.

DER TURM

Der 8 t schwere Turm hatte abgeschrägte Wände und eine abgerundete Front, auf der eine gebogene gusseiserne Rohrblende saß. Frontplatten und Seitenplatten waren bei der Ausf D über eine Schwalbenschwanzverbindung aneinandergefügt; bei den Ausf A und G gab es nur noch eine einfacher herzustellende Aufkantung. Die Frontplatte war um 12° abgeschrägt und 100 mm stark. Die Rohrblende war ebenfalls 100 mm stark, die Seiten und das Heck bei 25° 45 mm und das Dach ganze 16 mm. Die zunächst eingebaute Rohrblende neigte dazu, auftreffende panzerbrechende Geschosse abzuweisen, wobei diese teilweise nach unten rutschten und durch das Dach der Wanne, gelegentlich aber auch in den empfindlichen Drehkranz trafen. Bei der Ausf G kam ab September 1944 eine unten verstärkte Rohrblende zum Einsatz, die die Geschosse nach oben ablenken sollte. Das Turmgehäuse hatte einen durchgehenden Boden, der sich mit dem Turm drehte. Angetrieben wurde der Turm durch die Hauptwelle, die zwischen zwei Halbwellen lag und sich in dem Gehäuse für den Turmantrieb befand.

DIE TURMBESATZUNG

Der Panzerkommandant saß links hinten im Turm. Diese abgesetzte Anordnung ergab sich durch die Länge des Verschlusses der Kanone KwK 42, der den Turm praktisch in zwei Hälften teilte. Bei den ersten drei Modellen stellte sich heraus, dass der Kommandant ernsthaft in Gefahr war, rechts am Körper durch den Rückschlag der Kanone getroffen zu werden. Zunächst wurde eine Blende angebracht, die seinen rechten Arm und sein rechtes Knie schützen sollte, aber dann wurde der Sitz so umgebaut, dass er dem Verschluss nicht mehr in die Quere kam. Bei den deutschen Panzern hatte der Kommandant nur die Aufgabe, den Panzer zu führen und das Gelände zu beobachten. Damit war er nicht so überlastet wie sein sowjetischer Kollege im T-34/76, der auch noch die Bordkanone richten und abfeuern musste. Wichtig war für ihn, dass er über ausgezeichnetes Sichtgerät verfügte. Deshalb hatte die Ausf D eine tonnenartige Kuppel mit sechs Sehschlitzen. Während der Umrüstung der Panther Ausf D bei den Demag-Werken in Falkensee wurde eine Halterung für das Sehrohr TSR 1 in der Kuppel des Kommandanten angebracht. Mit dem Sehrohr konnte der Kommandant das Gelände beobachten, ohne den Kopf aus dem Turm nehmen zu müssen. Bei der Ausf A kam eine neue Kuppel zum Einsatz, die über einen gusseisernen Einsatz mit sieben Sehrohren verfügte, die durch gepanzerte Hauben geschützt waren. Außerdem erhielt der Kommandant vorn in der Kuppel eine Zielspalte, um die Ziele für den Richtschützen auszuwählen. Auf einem Ring in der

UNTEN: Der Panther hatte stets zwei Auspuffrohre. Die hintere Luke am Turm diente zum Einladen der 7,5-cm-Munition, wurde aber auch als Notausstieg benutzt.

Pzkpfw V Panther Ausf D

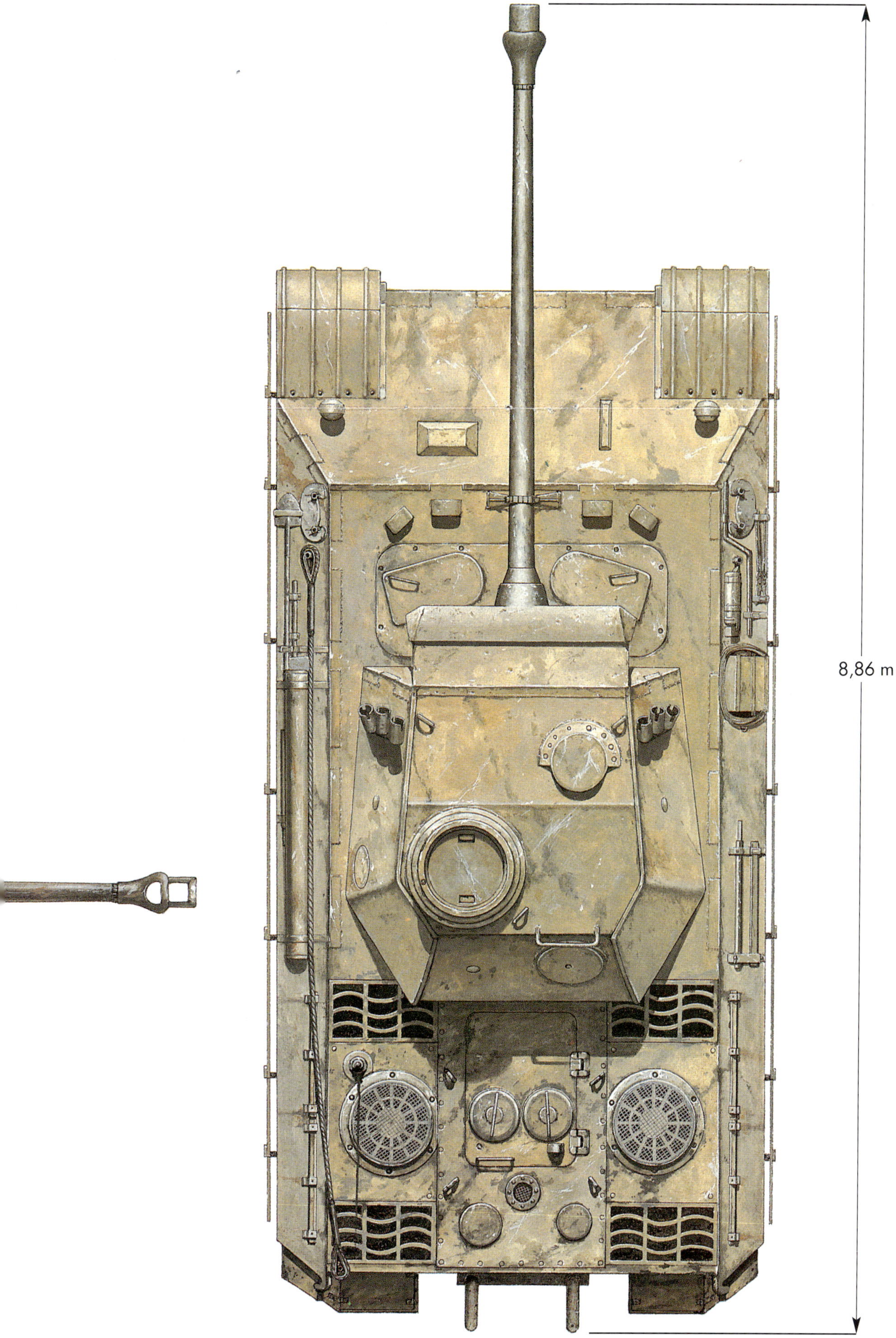
8,86 m

Oben: Die lange 7,5-cm-Kanone des Panther konnte weiter abgesenkt werden als die des T-34. Damit hatte der Panther beim Kampf aus festen Stellungen seine Vorteile.

Kuppel war eine Anzeige für die Schwenkung, die wie bei einem Zifferblatt von 1 bis 12 markiert war. Die Luke der Kuppel wurde waagerecht geöffnet. Oft war auch noch eine ringförmige Fla-MG-Halterung montiert, die ein MG34 aufnehmen konnte. Neben seinem Funkgerät hatte der Kommandant noch einen Satz Signalflaggen und eine Signalpistole.

Der Richtschütze saß links von der Bordkanone. Er richtete die Kanone über ein Leitz-Doppelzielfernrohr TzF 12 mit Gelenkstück, einem starren Okular und einem beweglichen beleuchteten Fadenkreuz, das eine 2,5fache Vergrößerung lieferte. Ende November und Anfang Dezember 1943 wurde das Doppelfernrohr durch das einfache TzF 12a ersetzt. Es hatte eine 2,5fache Vergrößerung bei einem Gesichtsfeld von 28° für die Zielerfassung und eine fünffache Vergrößerung bei einem reduzierten Gesichtsfeld von 14° für das präzise Richten auf große Entfernungen. Mit den einstellbaren Marken für die Entfernung konnte der Richtschütze die genaue Entfernung zum Ziel bestimmen. Daneben hatte es auch eine Entfernungseinstellung in 100-m-Abständen bis 2000 m für die Panzergranate (PzGr) 40/42, bis 3000 m für die Standardmunition PzGr 39/42 und bis 4000 m für die Sprenggranate 42. Der Richtschütze hatte genau wie der Kommandant eine Anzeige für die Schwenkung. Er feuerte die Kanone elektrisch über einen Abzug am Höhenrichthandrad ab und bediente das koaxiale MG über ein Fußpedal im Turmboden. Der Ladeschütze saß rechts von der KwK 42 und war auch für das Laden und die Instandhaltung des koaxialen MG zuständig. Von der Ausf A an hatte er ein eigenes Sehrohr zum Beobachten.

Der Turm der Ausf D wurde durch einen hydraulischen Motor geschwenkt, der unabhängig von der Drehzahl des Fahrzeugmotors den Turm innerhalb von 60 Sekunden einmal um 360° drehen konnte. Die Ausf A erhielt ein verbessertes System, bei dem die Schwenkgeschwindigkeit von der Motordrehzahl abhängig war. Bei der Höchstdrehzahl des Motors von 3000 U/min konnte der Turm innerhalb von 15 Sekunden eine ganze Schwenkung vollführen. Nach dem November 1943 wurde allerdings die Drehzahl des Maybach HL 230 P30 auf 2500 U/min beschränkt, sodass für eine volle Schwenkung nun mindestens 18 Sekunden benötigt wurden. Mit dem hydraulischen Antrieb waren eine schnelle Zielerfassung möglich. Die Feinabstimmung erfolgte dann allerdings über das Seiten- bzw. Höhenrichthandrad des Richtschützen. Wenn der Antrieb ausfiel, konnte der Richtschütze den Turm von Hand schwenken, unterstützt durch den Ladeschützen, der ein eigenes Handrad hatte. Der Höhenrichtbereich der Bordkanone lag zwischen –8° und +18°. Der Turm hatte so wenige Öffnungen wie möglich. Der Fahrer bestieg den Turm über eine Luke vorn rechts im Dach, der Kommandant durch seine Kuppel. Eine große runde Luke auf der Rückseite diente als Zugang für den Ladeschützen und wurde auch zum Aufmunitionieren benutzt. Links unterhalb der Kuppel saß ein kleiner Sprechschlitz. Dieser Schlitz wird oft fälschlicherweise als Auswurfschlitz für Munitionshülsen betrachtet, scheint aber tatsächlich zur Verständigung zwischen dem Kommandanten und der begleitenden Infanterie gedient zu haben. Nach 1943 wurde er weggelassen. Außerdem verfügte der Turm über Pistolenschlitze links, rechts und hinten im Turm, durch die die Besatzung ihre Handwaffen abfeuern konnte. Die Schlitze wurden abgeschafft, als von März 1944 an bei der Ausf A die Nahverteidigungswaffe zum Einsatz kam. Sie wurde aber nicht bei allen Fahrzeugen eingebaut.

DIE BORDKANONE

Die deutschen Entwickler hatten schon lange erkannt, dass man einen Panzer nie ganz gegen feindliche Waffen sichern kann. Sie glaubten, dass die Kanone letztendlich immer stärker sei als die Panzerung und konzentrierten sich daher bei der Entwicklung in erster Linie auf eine möglichst starke Bewaffnung. Bei der Geschichte der deutschen Bordkanonen ging es stets um immer größere Kaliber, schwerere Geschosse, längere Rohre und damit höhere Mündungsgeschwindigkeiten. Alle diese Faktoren trugen dazu bei, die Durchschlagskraft auf immer größere Entfernungen sicherzustellen. In der Regel waren die deutschen Waffen stets weiter entwickelt als die der Alliierten, besonders die der westlichen. Am 18. Juli 1941 erhielt Rheinmetall-Borsig den Auftrag, eine Bordkanone zu entwickeln, die eine 140 mm starke Panzerung auf 1000 m durchschlagen konnte. Gleichzeitig erhielt die Firma auch

OBEN: Panther-Türme auf dem Fließband einer ausgebombten Fabrik, die von den Alliierten überrannt wurde. Diese Türme wurden auch eigenständig als Kampfstände benutzt.

eine Genehmigung, einen Turm für das Projekt VK 3002 zu bauen, der die neue Kanone aufnehmen konnte.

Ausgangspunkt war die höchst erfolgreiche Panzerabwehrkanone PaK 40, die bereits in modifizierter Form als KwK 40 in den PzKpfw IV eingebaut worden war. Die KwK 40 war eine 7,5-cm-Kanone mit einer Länge von 48 Kalibern, die eine kurzhalsige Patrone anstelle der langhalsigen Patrone der Panzerabwehrkanone verschoss. Die KwK 40 war eine ausgezeichnete Kanone, aber Rheinmetall wusste, dass eine Steigerung nötig war, insbesondere wegen Hitlers Vorliebe für Kanonen mit großem Kaliber. Anfang 1942 wurden daher Erprobungsschießen mit einem Rohr von 60 Kalibern durchgeführt und die geforderten Werte beinahe erreicht. Dann wurde das Rohr auf 70 Kaliber verlängert. Diese verbesserte Version stand im Juni 1942 zur Erprobung bereit. Sie wurde als brauchbar erachtet und ging als Bordkanone für den Panther in die Serienproduktion.

Die 7,5 cm KwK 42 L/70 hatte ein gezogenes Rohr und wurde elektrisch abgefeuert. Sie verfügte über einen halbautomatischen Verschluss, der durch eine Feder geöffnet und geschlossen wurde. Die Balance wurde künstlich durch einen hydropneumatischen Zylinder hergestellt. Eine Mündungsbremse sorgte für einen kürzeren Rückstoß. Sie nutzte die kinetische Energie der Treibgase, die nach dem Geschoss aus der Mündung strömten, um die Waffe nach vorn zu ziehen. Die erste Mündungsbremse der KwK 42 hatte noch eine Kammer, später wurden es dann zwei. Die innere Kammer war austauschbar. Nach April 1943 kam ein Rauchabsauger am Rohr zum Einsatz, damit keine Pulvergase in den Kampfraum drangen. Diese Gase waren außerordentlich schädlich für die Besatzung und sorgten oft für dauerhafte Ohren- und Augenschäden, die zur Kampfunfähigkeit führten.

Die KwK 42 war eine hervorragende Panzerabwehrkanone und extrem präzise. Es war möglich, über 1000 m mit dem ersten Schuss einen Treffer zu erzielen. In den ersten Berichten ist der Abschuss eines T-34 aus 3000 m vermerkt. Bei über-

DURCHSCHLAGSKRAFT DER KwK 42

(Stahlplatte in einem Winkel von 30°)

Munitionstyp	Pzgr 39/42	Pzgr 40/42
Gewicht	6,8 kg	4,75 kg
Mündungsgeschw.	935 m/sec	1120 m/sec
Entfernung		
100m	138 mm	194mm
500m	124 mm	174mm
1000m	111 mm	149mm
1500m	99 mm	127mm
2000m	89 mm	106mm

wachten Versuchen gelang es mit der PzGr 39/42, ein 2 x 2,5 m großes Ziel über 1500 m in 100 % aller Fälle zu treffen. Auf 2000 m lag die Treffsicherheit bei 92 %, auf 3000 m bei 55 %. Bei Übungen hatte ein Richtschütze mit verschiedenen Kanonen und Geschossen auf das gleiche Ziel über 1000 m eine Treffsicherheit von 97 %, über 2000 m 49 % und über 3000 m 18 %. Diese Zahlen gelten natürlich nicht für den Feuerkampf im Gefecht. Fehler beim Abschätzen der Entfernung, Bewegung und Nervosität sorgten dafür, dass die Ersttrefferquote viel niedriger lag. Ein durchschnittlicher Richtschütze konnte aber mit dem zweiten Schuss ähnlich gute Ergebnisse wie bei den Versuchen erzielen, wenn er die Leuchtspur des ersten Geschosses verfolgte.

DIE DURCHSCHLAGSKRAFT

Die Durchschlagskraft der KwK 42 war ähnlich beeindruckend. Das übliche panzerbrechende Geschoss war die Panzergranate 39/42, ein Geschoss mit Kappe und Haube, gefüllt mit einer Sprengladung und einem Leuchtspurkörper. Bei dieser Munition sitzt eine ballistische Haube über der gepanzerten Stahlkappe des panzerbrechenden Geschosses. Diese Haube ist lang und hat einen spitzen Kopf auf dem Projektil, um den Luftwiderstand im Flug zu reduzieren. Die ballistische Haube selbst reduziert eigentlich die Durchschlagskraft, erhöht sie aber auf mittlere und große Entfernungen. Das liegt daran, dass die Haube das Abbremsen durch den Luftwiderstand vermindert und somit für eine höhere Aufschlaggeschwindigkeit sorgt. Die PzGr 39 war ein 6,8 kg schweres Geschoss mit einer Mündungsgeschwindigkeit von 935 m/sek. Gegen die schwerer gepanzerten sowjetischen Panzer und Jagdpanzer wurden gelegentlich ein paar Schuss PzGr 40/42 eingesetzt. Dieses unterkalibrige Hochgeschwindigkeitsgeschoss mit Wolframkern war allerdings extrem knapp.

Die 7,5 cm KwK 42 konnte die Frontpanzerung jedes britischen Cromwell bis auf 2500 m und die des Churchill auf bis zu 1700 m durchschlagen, während deren Waffen auf diese Entfernung unwirksam waren. Ähnlich sah es im Vergleich mit dem amerikanischen Sherman aus; allerdings konnte der Panther dessen Frontpanzerplatte erst auf 1000 m durchschlagen. Da war er immer noch sicher vor der 75-mm-Kanone M3 des Sherman. Handelte es sich um einen Sherman mit der schwereren 76-mm-Kanone M1A1 oder um einen britischen Sherman Firefly, hatten sie wenigstens eine gewisse Chance. Die 76-mm-Kanone konnte den Turm des Panther auf 700 m durchschlagen. Bei einem frontalen Angriff konnten die 7,71 kg schweren Geschosse die Rohrblende und die Panzerung des Turms, auf normale Kampfentfernung aber nicht die Panzerung der Wanne durchschlagen. Der Panther hatte in den Ausführungen D und A 79 Schuss an Bord, die Ausf G sogar 82 Schuss. Empfohlen war eine Mischung aus 50 % panzerbrechenden Geschossen PzGr 39/42 und 50 % Sprenggeschossen SprGr 42. Drei Schuss saßen unter dem Turmdrehkranz, 40 Schuss lagen waagerecht in Gestellen am seitlichen Aufbau der Wanne, und 36 Schuss standen senkrecht in Kästen seitlich in der Wanne. Die drei zusätzlichen Schuss der Ausf G kamen in die Gestelle.

LINKS: Deutsche Fallschirmjäger benutzen den Panther, um während der Ardennenoffensive 1944 schnell an die Front zu kommen.

DAS MG34M VON RHEINMETALL

Kaliber	7,92 mm
Gewicht	11,56 kg
Mündungsgeschw.	769,6 m/sek
Feuergeschw.	785 Schuss/min
Munitionszufuhr	Gurte zu 150 Schuss
Kühlung	Luft
Visier	Zielfernrohr KzF2 mit 1,75facher Vergrößerung

NEBEN- UND ZUSATZBEWAFFNUNG

Bei den Koaxial- und Bug-MGs (sowie den Fla-MGs, falls vorhanden) handelte es sich um eine Variante des vorzüglichen 7,92-mm-Allzweck-MG 34 von Rheinmetall. Diese luftgekühlte Waffe wurde Anfang der 30er-Jahre konzipiert und basierte auf dem Rückstoßprinzip, unterstützt durch die Mündungsgase. Die Verriegelung des Verschlusses basierte auf einem System von Mauser. Die Feuergeschwindigkeit lag bei erstaunlichen 800-900 Schuss/min. Wie fast jedes andere deutsche Gerät war es kompliziert und schwierig und teuer in der Herstellung. Trotzdem war es ein hervorragendes MG. In den Panther wurde die Version 34m eingebaut, die mit einem dicken gepanzerten Rohr besonders für den Einsatz in gepanzerten Kampffahrzeugen gedacht war. Der Munitionsvorrat für die MGs betrug 4104 Schuss bei der Ausf D und 4200 Schuss bei den Ausführungen A und G. Verstaut war sie in Beuteln, die jeweils einen Gurt mit 150 Schuss enthielten.

Die ersten Panther Ausf D hatten auch noch sechs Nebelwurfgeräte, drei an jeder Seite des Turms. Diese Ausstattung wurde im Juni 1943 gestrichen, nachdem ein Ereignis vom Februar 1943 bekannt wurde, bei dem feindliches Handwaffenfeuer die Nebelgeräte ausgelöst und die Besatzung außer Gefecht gesetzt hatte. Wie bereits erwähnt, wurden die Pistolenschlitze am Turm weggelassen, nachdem im Dezember 1943 die Nahverteidigungswaffe eingebaut wurde. Diese Waffe saß rechts hinten auf dem Turmdach. Es handelte sich um einen 26-mm-Granatwerfer, der Nebel-, Signal- und Schützengranaten abfeuern und um 360° geschwenkt werden konnte. Die Erhöhung war aber auf 50° begrenzt. Auf Grund von Materialknappheit erhielten aber nicht alle Panzer das Gerät. Die Besatzung selbst verfügte über eine Maschinenpistole MP 40, und alle Mitglieder trugen eine 9-mm-Pistole P38, in manchen Fällen auch eine automatische P08.

Kapitel 3
Die Produktion des Panther

Der Panther war erwiesenermaßen ein hervorragendes Waffensystem. Entwickelt als direkte Antwort auf den T-34, war er seinem sowjetischen Rivalen nur in einer Hinsicht unterlegen: der schwierigen Produktion. Die technischen Qualitäten des Panther hatten ihren Preis: die Produktion war langsam, und die komplexe Technik sorgte für zahlreiche Ausfälle bei den Serienmodellen und Schwierigkeiten bei der Feldinstandsetzung. Es wurden allerdings alle Anstrengungen unternommen, den Ausstoß zu erhöhen und der Truppe genügend Panzer zu liefern.

So wurden 1944 trotz der schweren Bombardierungen mehr Panther als je zuvor gebaut. Trotzdem baute die Sowjetunion dreimal so viele mittlere Panzer, und dazu kamen auch noch englische und amerikanische. Der Panther war ein Versuch, eine qualitativ hochwertigen Lösung gegen die massiven Panzerarmeen der Alliierten zu finden. Es gab aber nie genügend Panther, um eine Wende herbeizuführen. Ein deutscher Experte stellte dazu fest: „Der Panther stoppte die Bedrohung durch den T-34 an der Ostfront; Tiger I und Tiger II hätten ihn besiegen können. Sie wurden nicht im Kampf, sondern in den Fabriken besiegt.“ Das war auch schon das ganze Geheimnis. Die Bedrohung durch den T-34 war in Wahrheit auch nicht gestoppt wurden, schließlich führte er den Marsch auf Berlin an.

DAS RÄTSEL DER DEUTSCHEN KRIEGSWIRTSCHAFT

Deutschland war die stärkste Wirtschaftsmacht unter den Achsenmächten und die einzige, die es mit den Sowjets und Amerikanern aufnehmen konnte. Als der Panther Ende 1942 bzw.

LINKS: Panther Ausf D vor der Fabrik, die Mündungen noch abgedeckt. Obwohl 5500 Panther gebaut wurden, reichte diese Zahl nicht aus, um den Krieg zu gewinnen.

Oben: Mit Tiefladewaggons wurden die Panther an die Front gebracht. Das schonte Motoren, Getriebe und den Antrieb. So blieben die Panzer länger einsatzbereit.

Anfang 1943 in die Produktion ging, hatte Deutschland neben seiner eigenen Industrie Zugriff auf Rohstoffe und Fabrikationsanlagen im besetzten Europa. Trotzdem bauten die Alliierten dreimal so viele Flugzeuge und Panzer. Deutschland baute während des gesamten Krieges viel weniger Waffen als mit dem vorhandenen Material, den technischen und wissenschaftlichen Fähigkeiten und dem Produktionspotenzial möglich gewesen wäre. Im Jahr 1943 übertraf England bereits das deutsche Reich und die besetzten Gebiete bei der Produktion der wichtigsten Waffensystemen, und das trotz geringerer industrieller Möglichkeiten. Die Sowjetunion, auf Grund der deutschen Erfolge und der Evakuierung ihrer Industrie vorübergehend noch weniger Kapazitäten hatte als England, übertraf Deutschland zwischen 1942 und 1945 ebenfalls. Der Historiker Richard Overy merkte an: „Wenn die Statistik auch die verschiedenen Umstände und Verfahren verschleiert, ist dieser Unterschied dennoch erheblich. Wäre es anders gewesen, hätte Deutschland vielleicht dem gnadenlosen Vernichtungskrieg entgehen können, der ab 1944 einsetzte."

Außerdem war die deutsche Wirtschaft optimal auf den Krieg vorbereitet. Im Sommer 1941 waren mehr als die Hälfte der deutschen Arbeitskräfte in der Rüstung tätig. Das war mehr als in England 1941 und in den Vereinigten Staaten während des gesamten Krieges. Außerdem hatte Deutschland Zugriff auf die Ressourcen von Belgien, Frankreich, Luxemburg und Norwegen und damit auf fast die gesamte europäische Kohle- und Stahlindustrie, wichtige andere Mineralerze, zahlreiche Arbeitskräfte und die Maschinen und Reserven dieser Länder. Trotzdem erhöhte sich der Ausstoß nicht. 1941 war die Rüstungsproduktion kaum höher als 1939.

Die Gründe für dieses Scheitern sind vielfältig und komplex. Overy sagt dazu:

„Es gab keinen direkten Befehlsweg zwischen Führer und Fabrik. Dazwischen befand sich ein Netz von Ministerien, Bevollmächtigten und Parteifunktionären, alle mit eigenen Apparaten, Interessen und Stempeln, die weit mehr als die übliche Bürokratie produzierten. Ganz zum Schluss kam die Wirtschaft, die mehr von der unternehmerischen Unabhängigkeit hielt und sich an der aufgeblasenen Verwaltung, den korrupten Parteigängern und den zahllosen Formularen störten, die jeden freiwilligen Versuch zur Reform der Kriegswirtschaft bereits im Keim erstickten."

Es gab auch Probleme mit der modernen Massenproduktion. Die Wehrmacht arbeitete lieber mit kleineren Firmen und Facharbeitern zusammen, die auf die zahlreichen Änderungen reagieren und hochkomplizierte Waffensysteme bauen konnten. Das war aber zeit- und materialaufwendig. Anspruchsvolle Technik hatte stets den Vorrang vor der Massenproduktion von Waffen. Der Panther ist ein Beispiel dafür. Beim Aufbau der MNH (Maschinenfabrik Niedersachsen Hannover) war nichts von den modernen Methoden der Massenproduktion zu sehen. Die Panzer wurden nicht an einem Fließband im Stil von Henry Ford wie im Westen und in der Sowjetunion gebaut, wo jeder Arbeiter eine bestimmte Aufgabe hatte. In Hannover wurden die Panther von einem Arbeitsplatz zum nächsten geschoben, und an jedem Arbeitsplatz wurden bestimmte Tätigkeiten ausgeführt. Damit war eine hohe Qualität sichergestellt, aber die Produktion ging nur langsam voran.

ALBERT SPEER UND DIE STEIGERUNG DER PRODUKTION

Hitler erkannte das Problem und warf den Industrie- und Militärführern vor, die Industrie mit unnötigen Forderungen zu belasten. Er verlangte primitivere, robustere Konstruktionen und die Einführung der Methoden einer schlichten Massenproduktion. Aber erst mit der Ernennung von Albert Speer zum Rüstungsminister konnte Deutschland sein industrielles Potential wenigstens annähernd ausschöpfen. Speer richtete einen zentralen Planungsausschuss ein und rationalisierte die deutsche Rüstungsproduktion. Er schloss kleine Firmen, verteilte qualifizierte Arbeitskräfte und legte die Zuweisung und Verteilung von Rohmaterialien und Maschinen in nationalem Rahmen fest. Er schuf ein System von Produktionsausschüssen für wichtige Waffen, die für alle Hersteller eines bestimmten Waffentyps zuständig waren. Diese Ausschüsse überwachten und planten die gesamte Rüstungsproduktion und sorgten für erhebliche Verbesserungen bei Effizienz, Koordinierung und zentraler Kontrolle.

Am wichtigsten war wohl, dass er das Mitspracherecht der Militärs bei der Rüstungsproduktion einschränkte. Die Streitkräfte waren nämlich ein starkes Hindernis bei der angestrebten Produktionssteigerung. Bislang waren Entwurf, Entwicklung und der Bau von Waffen immer nach militärischen

Vorstellungen ausgerichtet. Die Firmen hatten sich mit zahllosen Änderungswünschen herumzuschlagen. Das Militär macht eigene Zeitpläne für die Produktion, befragte vorher aber nicht die Firmen und die zuständigen Ingenieure. Dabei kamen zwar ein paar ausgezeichnete Waffen heraus, aber die ständigen Einmischungen und Änderungswünsche hielten die Produktion auf. Hitler bemerkte, dass die Industriekapitäne „sich stets über dieses kleinliche Verfahren beschwerten – heute ein Auftrag über zehn Haubitzen, morgen zwei Mörser und so weiter". Damit hatte er den Kern des Problems getroffen. Eine Gruppe deutscher Ingenieure aus Rechlin beschwerte sich 1944: „Niemand würde ernsthaft glauben, dass es so viel Unfähigkeit, Verwirrung, Machtmissbrauch, Verleugnung der Wahrheit und Abwendung von der Vernunft wirklich gibt." Speer setzte Ingenieure ein, die wirklich etwas von der Sache verstanden. Das sollte sich auszahlen, denn der Ausstoß konnte in den folgenden Jahren verdreifacht werden. Nur der Erfolg der alliierten Bombenangriffe im Sommer 1944 konnte die Industrie beeinträchtigen und in die Knie zwingen.

DIE PRODUKTION DES PANTHER BEGINNT

Am 15. Mai 1942 erhielt MAN die Bestätigung, dass Hitler und die Panzerkommission sich für ihren VK 3002 entschieden hatte. Die Firma erhielt kurz darauf den Auftrag, die ersten beiden Erprobungsfahrzeuge im August/September 1942 zu bauen und im Herbst des gleichen Jahres in die Serienproduktion einzusteigen. Zunächst waren 250 Panzer pro Monat geplant. Im September 1942 wurde diese Zahl auf 600 Stück pro Monat erhöht, die bis Frühjahr 1944 gebaut werden sollten. Es war von Anfang an klar, dass auch andere Firmen beteiligt werden mussten. Ausgewählt wurden schließlich MAN, Daimler-Benz, Henschel und MNH. MAN und Daimler-Benz konnten bereits Ende 1942 beginnen; Henschel und MNH hofften auf einen Produktionsbeginn im Juli 1943. Bei diesem großen Projekt waren auch zahlreiche kleinere Firmen beteiligt, so der Dortmund-Hörder Hüttenverein aus Dortmund, die Eisenwerke Oberdonau in Linz, Ruhrstahl in Hattingen, Böhler in Kaplenberg, die Bismarckhütte in Oberschlesien und Harkort-Eiken in Hagen waren am Bau von Turm und Panzerung beteiligt. Dazu kamen noch zahlreiche Zulieferer von einzelnen Bauteilen.

MAN stellte die ersten Erprobungsfahrzeuge, Fgst Nr. V1, ein Erprobungschassis, und Fgst Nr. V2, einen kompletten Panzer mit Turm, pünktlich fertig. Beide zeigten bei den Fahrversuchen im Herbst 1942 gute Ergebnisse. Bei der Auslieferung der ersten Serienmodelle des Panther Ausf D geriet MAN aber schon bald ins Hintertreffen. Der erste Panther sollte die Werkshallen in Nürnberg im November 1942 verlassen, aber da konnte die Produktion gerade erst gestartet werden. MAN erhielt die erste 7,5 cm KwK 42 von Rheinmetall-Borsig am 15. Dezember 1942, und das erste Zielfernrohr Leitz SZF 1 wurde am 21. Dezember gebaut. Die ersten beiden Panther Ausf D gingen am 24. Januar 1943 zur Erprobung nach Grafenwöhr. Die überhastete Fertigung hatte natürlich für zahlreiche Kinderkrankheiten bei Kraftübertragung und Laufwerk gesorgt. Die ersten Serienmodelle, so der deutsche Panzerfachmann F.M. von Senger und Etterlin, waren „fast ausnahmslos ungeeignet für den Fronteinsatz." Die bis April 1943 gebauten ersten 60 Panther mussten abgezogen und komplett überholt werden. Dabei wurden umfangreiche Modi-

UNTEN: Panther beim Entladen. Die Bahnhöfe waren bei der Schlacht von Kursk weit von der Front entfernt, und viele Panther blieben unterwegs mit mechanischen Schäden liegen.

SdKfz 173 Jagdgpanther

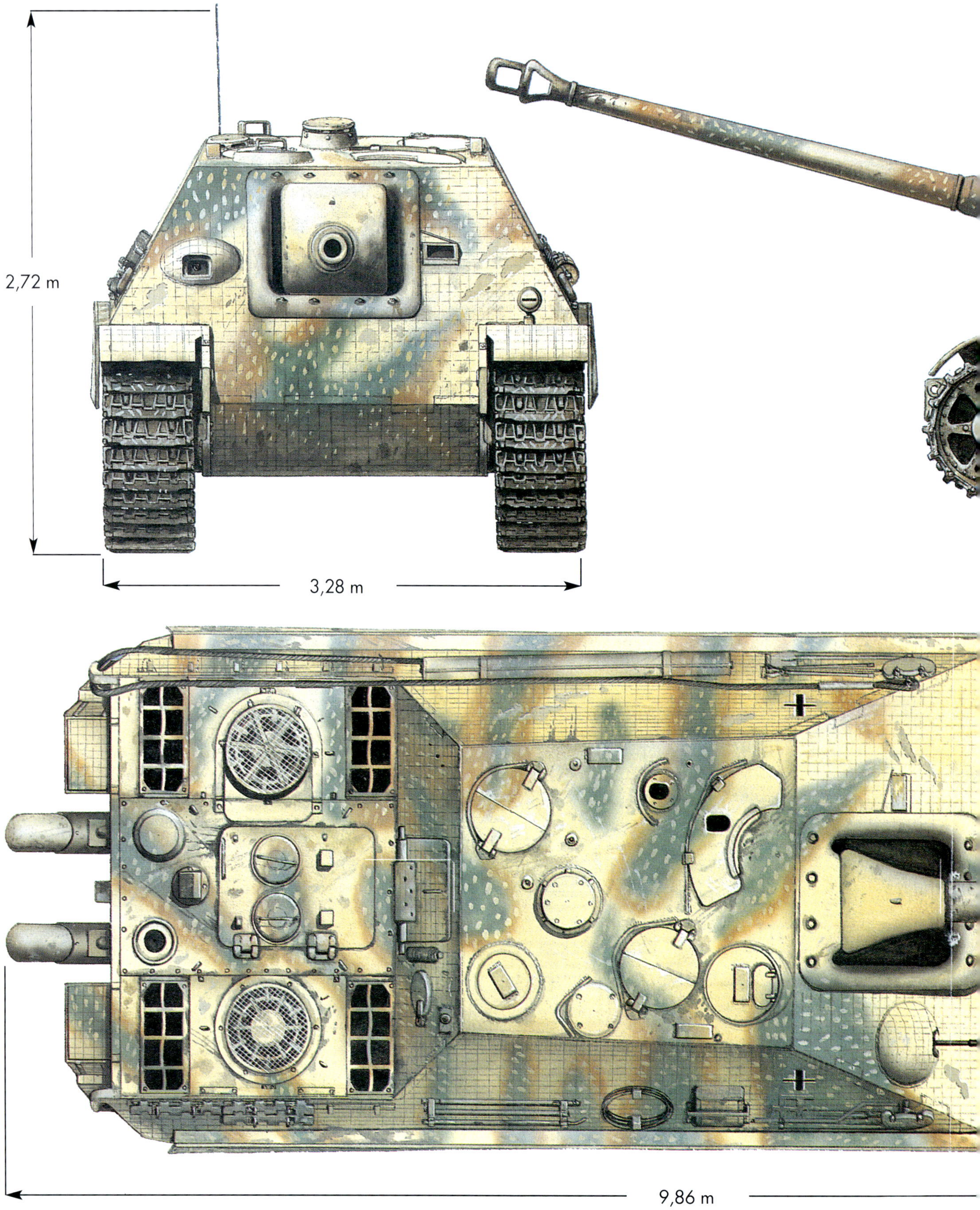

DIE PRODUKTION DES PANTHER

Ausf D

Monat	MAN	D-B	Henschel	MNH
Januar 43	4	0	-	-
Februar 43	11	6	0	1
März 43	25	14	10	19
April 43	0	19	26	39
Mai 43	68	60	25	41
Juni 43	31	40	25	36
Juli 43	58	65	19	48
August 43	38	26	15	36
September 43	7	20	10	-
Summe:	242	250	130	220
Gesamtproduktion:				**842**

Ausf A

Monat	MAN	D-B	MNH	Demag
August 43	-	-	3	0
September 43	46	50	45	(8)
Oktober43	104	90	50	(13)
November 43	76	71	75	(10)
Dezember 43	114	82	60	(11)
Januar 44	105	90	75	(8)
Februar 44	106	70	90	-
März 44	94	85	90	-
April 44	-	105	100	-
Mai 44	-	32	111	-
Juni 44	-	-	120	-
Juli 44	-	-	11	-
Summe:	645	675	830	50
Gesamtproduktion:				**2200**

HINWEIS: Die Zahlen für Demag sind auf der Grundlage der Gesamtproduktion des Waffenamts geschätzt. Die Unterlagen sind im Krieg verloren gegangen.

Ausf G

Monat	MAN	D-B	MNH
März 44	2	-	-
April 44	105	-	-
Mai 44	125	78	-
Juni 44	130	120	-
Juli 44	135	125	108
August 44	155	70	131
September 44	140	80	120
Oktober 44	78	100	96
November 44	103	115	100
Dezember 44	100	105	80
Januar 45	20	109	80
Februar 45	22	41	65
März 45	8	32	26
April 45	20	29	-
Summe:	1143	1004	806
Gesamtproduktion			**2953**

Quelle: Thomas L. Jentz, Germany's Panther Tank, Atglen, PA: Schiffer, 1995

fikationen am Motorraum, Lenkgetriebe, Endantrieb, an den Bremsen, der Aufhängung und der Kraftübertragung vorgenommen. Auch der Turm benötigte zahlreiche Änderungen.

Trotz der mechanischen Probleme der ersten Panther und den miserablen Leistungen bei Kursk war klar, dass Deutschland mit dem Panther einen ausgezeichneten Panzer hatte. Die Nachfrage stiegt so stark, dass der SS die Priorität eingeräumt wurde. Die Firmen hatten aber immer noch Schwierigkeiten, überhaupt in die Nähe der angestrebten Stückzahlen zu gelangen. Hauptdienstleiter Saur von Speers Rüstungsministerium besuchte MAN, weil Hitler alles über die Fortschritte des Panther wissen wollte und zuverlässige Informationen benötigte. Der Hersteller konnte aber das angestrebte Ziel für Mai 1943 nicht einhalten. Statt der ursprünglich bestellten 308 Exemplare und der nachträglich reduzierten Forderung von 250 Stück musste Saur dem Führer melden, dass bestenfalls 100 Stück möglich waren, 40 von MAN, 30 von Daimler-Benz, 20 von Henschel und 10 von MNH. Zahlreiche Panther aus diesem Monat litten überdies unter ernsthaften mechanischen Problemen. So musste im Juni 1943 erneut ein umfangreiches Überarbeitungsprogramm aufgelegt werden. Darüber hinaus gab es auch noch Schwierigkeiten mit dem Maybach HL 230 P30, die bis Februar 1944 beseitigt wurden.

Die Ausf D wurde von Januar bis September 1943 gebaut. In dieser Zeit entstanden 850 Exemplare, die aber größtenteils überholt werden mussten. Die verbesserte Ausf A ging bei MNH im August 1943 in die Produktion, bei MAN, Daimler-Benz und Demag in Benrath einen Monat später. Henschel befasste sich mit dem Bergepanther Ausf A. Der größte Unterschied zwischen den Ausführungen D und A war ein neuer Turm. Ab September 1943 mussten schon wieder Änderungen vorgenommen werden, weil es Probleme mit dem Maybach HL 230 P30 gab. Die Ausf A wurde bis Mai 1944 gebaut; insgesamt waren es 2100 Fahrzeuge. Das letzte Serienmodell war die Ausf G. Um die Herstellung zu vereinfachen, wurde die Neigung der Oberseite der Wanne von 40° auf 30° reduziert. Um trotzdem den Panzerschutz zu garantieren, wurde die Panzerung von 40 auf 50 mm verstärkt. Die Ausf G unterschied sich nur durch ein neues Chassis; der Turm blieb gegenüber der Ausführung A unverändert. Der Übergang von der Ausf D zur Ausf A erfolgte ziemlich schnell. Die Einführung der Ausf G wurde aber jeweils um zwei Monate versetzt bei MAN, Daimler-Benz und MNH vorgenommen. Sie begann im März 1944 bei MAN. Bis zum April 1945 als die Alliierten die Werke einnahmen, wurden 3126 Exemplare der Ausf G gebaut.

UNTERBRECHUNGEN DURCH BOMBENANGRIFFE

Die Arbeit im Daimler-Benz-Werk 40 wurde durch die Bombenangriffe im August 1943 unterbrochen. Unter Speers Reformen war die Produktion bis zum Sommer 1944 deutlich angestiegen, und die Firmen konnten die Termine regelmäßig einhalten. Im Sommer aber griffen die alliierten Bomber vermehrt an, die RAF nachts und die Amerikaner tagsüber.

OBEN: Eine Kolonne getarnter Panther wartet auf den Eisenbahntransport. 1943/44 waren die Eisenbahngleise bevorzugte Ziele der alliierten Bomber. So konnten sie den Transport der Panzer unterbinden.

Daimler-Benz wurde am 6. August und in der Nacht vom 23. zum 24. August Opfer einer Flächenbombardierung der RAF. Die MAN-Werke in Nürnberg waren am 10. September, am 3. Oktober und am 19. Oktober 1944 dran. Als gerade die Schäden repariert waren und die Produktion wieder im Gang war, sorgte am 3. Januar 1945 ein erneuter Überfall durch 521 Lancaster der RAF für verheerende Schäden. Darauf folgten zwei schwere Tageslichtangriffe der Amerikaner, die zwischen dem 20. und 22. Februar 1945 stattfanden. MNH in Hannover wurde am 14. und 28. März 1945 angegriffen.

Die Bombardierungen hatten zwei Folgen. Einmal gab es die direkten Auswirkungen, d.h. die Produktionsunterbrechungen, die dafür sorgten, dass weniger Panzer die Werkshallen verließen. Die präzisen Bombardierungen der Amerikaner tagsüber und der Engländer nachts hinterließen aber auch Spuren in der Stadt. Die Wasser-, Gas- und Stromleitungen waren unterbrochen, Gleise zerstört, Straßen blockiert, und auch die kleinen Zulieferbetriebe wurden getroffen. Ein Großteil der Schäden konnte relativ schnell repariert und die Produktion innerhalb weniger Tage, Wochen oder Monate wieder aufgenommen werden. Allerdings hatten die endlosen Angriffe auch andere Wirkungen: die Moral der Arbeitskräfte war schwer angeschlagen. Ein Arbeiter sagte: „Man kann sich nicht an die Überfälle gewöhnen. Ich wünschte, es wäre vorbei. Unsere Nerven liegen blank. Wir konnten kaum schlafen und waren nervös.“ Bei den Ford-Werken in Köln, die besonders schwer getroffen wurden, lag die Abwesenheitsquote im ganzen Jahr 1944 bei 25%. Bei BMW in München, das viel weniger unter den Angriffen zu leiden hatte, waren es im Sommer 1944 immerhin 20%. Ähnliche Zahlen gab es auch bei den anderen Werken, wo der Panther gebaut wurde. Das war natürlich eine ernsthafte Belastung für das Produktionsziel. Die Serienproduktion wurde durch die Angriffe ebenfalls beeinträchtigt. G. von Heydekampf, Speers Stellvertreter für die Panzerproduktion, erklärte nach dem Krieg, dass die Bombardierungen ihn gezwungen hätten, die Produktionsverfahren zu ändern. „Die Firmen wurden aufgelöst und verlegt. Wichtig war nun die geografische Lage, weniger die technische Kompetenz...“ Die Produktion musste oft in kleine, versteckte Anlagen auf das Land oder sogar in unterirdische Anlagen verlegt werden. So ließ sich der Ausstoß kaum erhöhen. Albert Speer und die anderen Minister schätzten im Januar 1945, dass Deutschland 1944 auf Grund der Angriffe etwa 35% weniger Panzer gebaut hatte als geplant.

Obwohl die Panzerproduktion 1944 stark gesteigert wurde, hatte die Wehrmacht immer noch eine erstaunliche Vielfalt an Fahrzeugen. Zu einem Zeitpunkt hatte das Heer hatte 151 verschiedene Lastwagen und 150 verschiedene Motorräder. Vieles lag an Hitler. Er forderte zwar von der Industrie die Einführung sowjetischer Produktionsmethoden, verschwendete aber gleichzeitig das knappe Entwicklungs- und Produktionspotenzial mit nutzlosen Projekten wie dem Panzer Maus. Damit fehlten die Mittel für die Entwicklung brauchbarer Panzer wie dem Panther. Dazu sagte der Panzerexperte Richard Ogorkiewicz: „Die Tatsache, dass man sich nicht wie die Russen mit ihrem T-34 auf ein oder zwei brauchbare Modelle konzentrieren konnte, war der größte Fehler Deutschlands und eine Lehre, die sich alle Panzerbauer merken sollten.“

Kapitel 4
Kampfeinsatz: Ostfront 1943–1945

Der PzKpfw V Panther war ohne Zweifel ein ausgezeichneter Kampfpanzer und bildete daher die Grundlage für zahlreiche Nachkriegskonstruktionen. Er beeindruckte durch seine Kombination aus Feuerkraft, Panzerschutz und Beweglichkeit, mit der er den meisten Konkurrenten wie dem Sherman und dem T-34/76 klar überlegen war. Sogar im Vergleich zu den moderneren Panzern der Alliierten – dem M-26 Pershing, dem Sherman mit der stärkeren Kanone und dem T-34/85 – war die Kanone des Panther über größere Entfernungen wirksam und konnte so das Gefechtsfeld beherrschen.

In den offenen Steppen an der Ostfront, aber auch in den letzten Gefechten in Deutschland und Frankreich 1944/1945 konnte der Panther sich gegen die enormen Panzerarmeen der Alliierten immer wieder bewähren. Seine 7,5-cm-Kanone L/70 hatte eine ungeheure Durchschlagskraft, während die gut abgeschrägte Frontpanzerung Schutz bei jedem Duell bot. Viele Experten halten den Panther für den besten Panzer des Zweiten Weltkriegs, machen aber zugleich zwei Einschränkungen. Zum einen war die technische Zuverlässigkeit nicht gerade hoch, und zum anderen war, wie bereits erwähnt, die deutsche Industrie nicht in der Lage, den Panther in genügend großen Stückzahlen zu fertigen, um noch eine Wende herbeizuführen. Die strategische Bombardierung durch die Alliierten und dazu das Streben der deutschen Techniker nach absoluter Perfektion sorgten dafür, dass die Quantität schließlich auf der Strecke blieb. Der Panther hatte aber nicht nur mit mechanischen Problemen und niedrigen Stückzahlen zu kämpfen, sei-

LINKS: Ein Panther, alle Luken dicht, schießt an der Ostfront Unterstützungsfeuer. Zusammen mit den Panzergrenadieren war der Panther eine vorzügliche Nahunterstützungswaffe.

OBEN: 1944 wurde das Öl in Deutschland sehr knapp, nachdem die Alliierten die rumänischen Ölfelder bei Plojesti bombardiert hatten. Damit war die Bewegungsfreiheit im Gefecht erheblich eingeschränkt.

ne Dienstzeit war auch sehr kurz: er kam im Juli 1943 zur Truppe und im Mai 1945 war der Krieg vorbei. In diesen zwei Jahren wurde der Panther zuerst an der Ostfront eingesetzt, und dort musste er auch am längsten und am härtesten kämpfen.

DIE OPERATION BARBAROSSA UND DER T-34/76, JUNI 1941

Die Entwicklung des Panther war eine direkte Antwort auf den T-34/76, der der Wehrmacht zum ersten Mal 1941 beim Überfall auf die Sowjetunion begegnet war. Die sowjetische Panzertruppe hatte 1941 neben zahlreichen überholten Panzern etwa 1000 T-34/76, die für die deutschen Panzer schon ganz andere Gegner darstellten. Mit der starken langen 76,2-mm-Kanone konnten sie ihre Gegner in Schach halten, während die sorgfältig berechnete abgeschrägte Panzerung, die auch über die Ketten ragte, die Wirkung der 45-mm-Panzerplatten verdoppelte. Dazu verfügte der T-34/76 über einen hervorragenden Dieselmotor und breite Ketten, die ihm gegenüber den deutschen Panzern eine ausgezeichnete Beweglichkeit verliehen.

Der T-34 war also ein bemerkenswerter Panzer, gegen den man sich etwas einfallen lassen musste. In einem frühen Gefecht konnte ein T-34 insgesamt 24 panzerbrechende 37-mm-

Geschosse aus deutschen Panzerabwehrwaffen einstecken, bevor das nächste Geschoss den Turm traf und der Panzer sich mit klemmendem Turm zurückziehen musste. Das Problem des sowjetischen Oberkommandos war aber, dass es zu wenige T-34 und zu viele alte T-26, T-28 und BT gab, die von den deutschen Panzern schnell zerstört wurden.

In seinem Buch „Panzerführer" beschrieb der deutsche Panzergeneral Heinz Guderian den Schock, der die deutschen Soldaten bei ihrer ersten Begegnung mit dem T-34 1941 befiel: „Zahlreiche russische T-34 kamen zum Einsatz und fügten den deutschen Panzern 1941 bei Mzensk schwere Verluste zu. Bis dahin war unsere Panzertruppe überlegen gewesen, nun war es genau anders herum. Die Aussicht auf schnelle entscheidende Siege schwand demzufolge rasch. Ich machte einen Bericht über die Lage... und schickte ihn an die Heeresgruppe. Darin beschrieb ich in klaren Worten die deutliche Überlegenheit des T-34 gegenüber unserem PzKpfw IV und zog die entsprechenden Schlussfolgerungen für unseren Panzerbau." Bis zu den ersten Begegnungen mit dem T-34 hatte es in Deutschland keinerlei Pläne gegeben, das Panzerbauprogramm mit dem PzKpfw IV zu ändern. Zwar war bereits im Jahr 1937 ein schwererer 30-t Panzer in Auftrag gegeben worden, und ein Jahr später ein noch schwererer 65-Tonner, aber zur Produktion kam es nicht. Der PzKpfw III und ganz besonders der PzKpfw IV hatten sich schließlich im Polenfeldzug 1939, in Frankreich und in den Niederlanden 1940 sowie auf dem Balkan und in Griechenland 1941 hervorragend bewährt. So schien es keinen Grund zu geben, das erprobte Panzerarsenal, das sich so gut geschlagen hatte, vorzeitig zu ersetzen. Nach der Begegnung mit dem T-34 sah es schon anders aus. Die Wehrmacht brauchte nun dringend einen größeren Panzer, und dazu holte man die Pläne für den Prototypen des 30-Tonners wieder aus der Schublade.

VERBESSERUNG VORHANDENER PANZER

Nach der Inspektion erbeuteter T-34 wurden einige Sofortmaßnahmen eingeleitet. Der PzKpfw III erhielt nun die 5-cm-Kanone L/60. Das konnte aber nur eine Notlösung sein, denn der PzKpfw III hatte auch damit keine großen Chancen gegen den T-34. Dann man sich den Kampfpanzer PzKpfw IV vor und versah ihn mit der langen 7,5-cm-Kanone, die endlich eine ausreichende Mündungsgeschwindigkeit hatte, um es mit dem T-34 aufzunehmen. Mit zahlreichen Modifikationen blieb der PzKpfw IV während des gesamten Krieges das Arbeitspferd der Wehrmacht. Gleichzeitig arbeitete man aber an der Entwicklung schwererer Panzer, die es mit dem T-34 und dem noch schwereren KV aufnehmen konnten. Aus diesen Vorhaben entstanden der Panther, der Tiger und der Königstiger, allesamt darauf ausgelegt, erfolgreich gegen die Panzer der Alliierten wie den T-34 bestehen zu können. Einige Merkmale des T-34 wie die abgeschrägte Panzerung fanden sich auch beim Panther. Da man sich aber damals in Deutschland schwer damit tat, die Konstruktion einer vermeintlich minderwertigen Rasse einfach zu übernehmen, ging man bei der Entwicklung

Ein Gefreiter der SS von der Division Leibstandarte mit dem 1944 ausgegebenen zweiteiligen Kampfanzug. Die rosa Litzen an der Schulter deuten auf einen Panzersoldaten hin.

ganz eigene Wege. Darüber hinaus war es ohnehin fast unmöglich, den Aluminiummotor des T-34 einfach nachzubauen. So wurde der PzKpfw V Panther denn doch ein „rein deutscher" Panzer.

DER PANTHER UND DIE VORBEREITUNGEN AUF DIE SCHLACHT BEI KURSK, 1943

Der Ende 1942 fertig gestellte Panther erlebte seine Feuertaufe während der Operation „Zitadelle" im Sommer 1943. „Zitadelle" war die deutsche Sommeroffensive gegen eine Beule in der sowjetischen Front um die Stadt Kursk. Kursk war ein wichtiger Eisenbahnknotenpunkt etwa 800 km südlich von Moskau. Der Winterfeldzug 1942/1943 hatte eine nach Westen gerichtete 190 km breite und 120 km tiefe Beule in der Front um die Stadt hinterlassen. Bei der Schlacht von Kursk war geplant, mit zwei deutschen Armeen gegen die nördliche und südliche Flanke der sowjetischen Beule anzugreifen, um die dort liegenden sowjetischen Kräfte abzuschneiden und anschließend zu vernichten. Der Erfolg bei Kursk sollte als Sprungbrett für weitere Angriffe dienen. Für diese Offensive brauchte man den Großteil der deutschen Panzertruppe, die nach der Niederlage bei Stalingrad so mühevoll wieder aufgebaut worden war.

Im Februar 1943 hatte Guderian den Auftrag erhalten, die Ostfront zu übernehmen. Er war nun Generalinspekteur der Panzertruppe und zielte darauf ab, möglichst voll ausgerüstete Panzerdivisionen aufzustellen und nicht etwa möglichst viele, aber schlecht ausgerüstete. Er wollte bis 1944 Divisionen für groß angelegte Operationen schaffen, mit etwa 400 Panzern und einer ausgewogenen Mischung an unterstützenden Waffen. Seiner Meinung nach war es schließlich besser, ein paar Erfolg versprechende Divisionen zu haben als zahlreiche schwache. Er war der Meinung, dass Deutschland letztendlich eine große Panzertruppe benötigte, um es mit den sowjeti-

UNTEN: Panther marschieren durch die russische Steppe. Im Kampf nahmen sie eine andere Formation ein. Hier Panther der Ausf A, der zweiten Serienversion.

schen Panzerarmeen aufnehmen zu können, die ihre Ausrüstung aus den Fabriken bezogen, die sich 1941 hinter den Ural in Sicherheit gebracht hatten.

Guderian hatte inzwischen längst den Gedanken an den Blitzkrieg aufgegeben und rechnete mit einem längeren Krieg. Er drang darauf, die mechanische Zuverlässigkeit des Panther zu verbessern und wollte gleichzeitig sicherstellen, dass die

OBEN: Das Gefecht aus der Sicht der Panzerkommandanten. Im Kampf war die Luke meist geschlossen. Viele Kommandanten riskierten aber Kopf und Kragen, um einen besseren Überblick zu bekommen.

Erhöhung der Produktionszahlen von Tiger und Panther nicht zu Lasten des PzKpfw IV ging, der ja das bewährte Rückgrat der Wehrmacht war. Daher war er nicht gerade angetan von den Plänen für die Schlacht bei Kursk. Er hätte mit dem Angriff lieber bis 1944 gewartet. Hitler ignorierte aber in gewohnter Weise die Hinweise auf die unersetzlichen Verluste an Soldaten und Panzern, die ein solcher Angriff 1943 mit sich bringen würde, und genehmigte die Operation Zitadelle. Dann griff er erneut ein und meinte, dass er noch nicht genügend Panther zur Verfügung hätte. So wurde die Operation verschoben. Die Entscheidung von Hitler war die schlechtestmögliche und verschlimmerte die Situation der deutschen Truppen weiter. Als nämlich die Operation endlich im Juli 1943 begonnen wurde, hatte man das Element der Überraschung verschenkt. Nun mussten die deutschen Soldaten über das von den Sowjets befestigte Gelände angreifen und hatten dort so gut wie überhaupt keine Bewegungsfreiheit. Andererseits hatte man auch nicht lange genug gewartet, bis wirklich genügend Panther an der Front zur Verfügung standen. Außerdem hatten die Hersteller viel zu wenig Zeit gehabt, die Kinderkrankheiten zu beseitigen. Die Panther, die an der Front eintrafen, waren oft nicht tauglich für den Einsatz.

Die Schlacht bei Kursk war in vieler Hinsicht einzigartig. Es war die größte Panzerschlacht der Geschichte mit über 6000 Panzern und selbst fahrenden Geschützen. Bei der Schlacht von El Alamein in Nordafrika 1942 waren es „nur“ etwa 1500 Panzer gewesen; neuere Schlachten wie die arabisch-israelische Schlacht auf dem Sinai 1973 waren auf 2000 Panzer beschränkt. Kursk gilt als der Schwanengesang der deutschen Panzertruppe. So mutet es merkwürdig an, dass das deutsche Heer seine letzte große Panzeroffensive im Osten mit einer Panzertruppe bestritt, die zum größten Teil überholt war. Obwohl noch einmal 900 000 Soldaten mit 2700 Panzern aufgestellt werden konnten, waren unter diesen 2700 Panzern, die zum Angriff bereit standen, relativ wenige Panther und noch viel weniger Tiger. Der Großteil der Panzertruppe musste immer noch auf den bewährten PzKpfw IV mit der langen 7,5-cm-Kanone zurückgreifen. Wieder einmal sollte der Grundsatz „Qualität vor Quantität“ dafür sorgen, dass das Heer nicht genügend leistungsfähige Panzer hatte. Das war mit ein Grund für die anschließende Niederlage.

Der Panther war bei Kursk einfach noch nicht gefechtsbereit. Die Straßen und Wege zwischen den Bahnhöfen und Sammelräumen waren bald voller Panther, die mit Getriebeschäden und Motorbränden liegen geblieben waren. Guderian war sich natürlich darüber im Klaren, dass Hitler die Panther zu früh in den Kampf schickte, denn sie waren noch nicht einmal ausgiebig erprobt worden.

Guderian sollte Recht behalten. Die Verzögerung, die sich durch Hitlers wiederholte Einmischungen ergab, gab den Sowjets genügend Zeit, den Bogen bei Kursk in eine uneinnehmbare Festung zu verwandeln. Das taten sie schnell und gründlich. Sie bauten sechs ineinander greifende Verteidigungsgürtel mit einer Tiefe von 40 km, geschützt durch Gräben, Stellungen und Stacheldraht. In der Tiefe wurden sie durch 20 000 Geschütze unterstützt, ein Drittel davon Panzerabwehrkanonen. Gleichzeitig legten die Russen Minensperren mit einer Dichte von 4000 Schützenminen und 3500 Panzerminen pro Frontkilometer an. Insgesamt wurden 400 000 Minen verlegt, Ströme aufgestaut, um unüberwindbare Überflutungen zu schaffen. Fruchtbarer Ackerboden wurde zu einer gigantischen Hindernisbahn für die angreifenden Deutschen umgewandelt. Das sowjetische Oberkommando (Stawka) zwang die russischen Zivilisten, 4800 km Schützengräben anzulegen, die sorgfältig einem Zickzackmuster folgten, um der sowjetischen Infanterie genügend Bewegungsfreiheit zu lassen. Artillerie- und Panzerabwehrstellungen sowie MG-Nester gaben sich gegenseitig Unterstützung und sorgten für einen Feuervorhang, der die deutschen Angreifer empfangen sollte.

Oben: Der Panther war dem sowjetischen T-34 technisch endlich gewachsen. Mit den besser ausgebildeten Besatzungen war die Wehrmacht sogar im Vorteil.

Zur weiteren Unterstützung der Verteidigung wurden zahlreiche Bomber und Jäger abgestellt; dazu kam die größte Panzertruppe überhaupt. Die Russen quetschten sieben Armeen in den Kursker Bogen. 240 km hinter der Front standen die Reserven, bestehend aus einer Panzerarmee und zwei Infanteriearmeen. Die Reservearmeen bauten vor ihren Stellungen weitere Verteidigungslinien auf. Als die Vorbereitungen abgeschlossen waren, waren 1 336 000 Mann, 3444 Panzer, 2900 Flugzeuge und 19 000 Geschütze bereit für die Schlacht bei Kursk. 75 % aller russischen Panzer standen nun in und um Kursk.

DIE SCHLACHT BEI KURSK

Die deutsche Führung wusste natürlich, dass die Sowjets den Kursker Bogen befestigten, starteten aber nach Hitlers Weisung dennoch den Angriff. Wie schon gesagt, hatten nur die Sowjets Vorteile von der Verzögerung, denn sie konnten ihre Stellungen ausbauen, während die Panther nicht in der erhofften Stückzahl an der Front eingetroffen waren. Schließlich konnten nur zwei Panzerbataillone mit dem Panther bei Kursk antreten. Diese kämpften an der südlichen Front in einer selbstständigen „Kampfgruppe Kempf". Dazu wurden einige Panzerdivisionen durch ein drittes Bataillon mit dem beeindruckenden Tiger verstärkt. Die anderen beiden Bataillone hatten verschiedenste Panzer. Die meisten Panzerdivisionen bei Kursk hatten Bataillone mit dem PzKpfw III und IV. Eine oder zwei Divisionen, so wie die 11. Panzerdivision, hatten nicht nur ein Tiger-Bataillon, sondern auch eines mit PzKpfw IV und eines mit Panthern. So wurden die Panther, die nicht zur Kampfgruppe Kempf gehörten, nicht geschlossen eingesetzt.

Am 5. Juli 1943 griff Hermann Hoths Vierte Panzerarmee mit 18 Divisionen (darunter zehn Panzerdivisionen) von Süden an, während gleichzeitig Walter Models Neunte Armee, ebenfalls mit 18 Divisionen (sieben Panzerdivisionen) vom Norden her angriff. Insgesamt nahmen etwa 250 Panther der Ausf D an der Operation Zitadelle teil, die meisten beim 51. und 52. Panzerbataillon, die zur improvisierten Kampfgruppe Kempf zusammengefasst wurden. Das Debüt der Ausf D am 5. Juli verlief eher unauffällig, denn diese Panzer hatten wegen häufiger mechanischer Pannen arge Probleme mit der Zuverlässigkeit im Gefecht. Viele erreichten die Front gar nicht, denn bei den Vorbereitungen für Kursk war bereits aufgefallen, dass wegen unzureichender Kühlung und Belüftung zahlreiche Motorbrände auftraten. Auslöser war die wasserdichte Versiegelung des Motorraums, die ein Durchwaten von Flüssen ermöglichen sollte. Dazu kamen zahlreiche Schäden an Getriebe, Kraftübertragung und Aufhängung. So konnte der

OBEN: Ein 1943 bei Kursk erbeuteter Panther Ausf D wird in Moskau ausgestellt und von Soldaten begutachtet. Der Panther wurde aber zu früh an die Front geschickt.

Panther die hoch gesteckten Erwartungen nie erfüllen. Außerdem versäumte man es, die dichten sowjetischen Minensperren vollständig zu räumen, was ebenfalls zu zahlreichen Verlusten an Panthern führte. Auf Grund dieser mechanischen und taktischen Probleme musste das 51. Panzerbataillon bereits am ersten Tag eine katastrophale Ausfallquote von 56% melden. Am zweiten Tag der Schlacht bei Kursk war nur noch ein Fünftel der Panther einsatzbereit. Das zeigt, wie falsch es war, den Panther so überhastet in das Gefecht zu schicken.

Gefreiter Werner Kriegel, der mit einem Panther des 51. Bataillons an der Schlacht teilnahm, erinnert sich an die erbitterten Kämpfe: „Unser erster Angriff blieb in einer Minensperre stecken. Ich verlor eine Kette. Während unsere Artillerie die Sowjets niederhielt, konnten wir beide beschädigten Panzer bergen... Der erste Tag war eine Katastrophe. Am Abend des 5. Juli hatte des 51. Panzerbataillon nur noch 22 einsatzbereite Panther. Etwa 28 Panzer waren total zerstört, der Rest stark beschädigt. Die Kameraden beklagten sich über schwache Getriebe und überhitzte Motoren... Am 8. Juli marschierten wir auf Obojan südlich von Kursk. Unser Panther erhielt einen Pak-Treffer an der Kommandantenkuppel. Wir fuhren den Angriff mit beschädigter Kuppel und offener Luke weiter. Mein Kommandant besitzt das Geschoss immer noch... Ein Panzer wurde durch die schweren Sturmgeschütze (SU-152) zerstört, die Rohrblende einfach durchschossen. Wir trafen auch auf amerikanische Panzer (die die Sowjets durch das Leih- und Pachtabkommen erhielten), die keine Gegner für uns waren...Wir zerstörten ein paar T-34 auf über 2500 m."

Kriegels Panzer kämpften am südlichen Rand des Kursker Bogens als separates Kommando unter Hoths Vierter Panzerarmee, das die Speerspitze für den Hauptangriff bildete. Mit neun Panzerdivisionen, darunter die Elite der SS-Panzerverbände (Leibstandarte, Das Reich und Totenkopf), konnten die Deutschen fast 32 km vordringen. Der tiefste Vorstoß gelang im Süden, als Teile der Leibstandarte einen Brückenkopf über den schmalen Fluss Psel schlagen konnten. Dann lenkte Hoth den Schwung des Angriffs auf den kleinen Eisenbahnknotenpunkt bei der Stadt Prochorowka. Dort kam es zu einem entscheidenden und denkwürdigen Panzergefecht, als die massierten russischen Panzerverbände den deutschen Angriff zum Halten bringen konnten.

DIE SCHLACHT VON PROCHOROWKA

Für den Vorstoß auf Prochorowka hatte Hoth mehr als 500 Panzer, darunter auch die wenigen Panther, die noch nicht zerstört oder liegen geblieben waren. Um sich gegen die überlegenen Tiger und Panther zu behaupten, hatten die T-34 die Anweisung, auf nächste Entfernung anzugreifen. Das war

Oben: Ein Panther Ausf D von schräg vorn. Gut zu erkennen sind unter anderem die Nebelwerfer seitlich am Turm, die abgedeckten Scheinwerfer und die Sehrohre.

dann das gepanzerte Gegenstück zu einem Handgemenge. Man wollte die überlegene Beweglichkeit des T-34 nutzen, um seitlich oder hinter den Feind zu kommen und dann seine Schwachstellen, nämlich Seiten und Hecks der Panzer, anzugreifen.

Am Morgen des 12. Juli standen sich zwei Armeen bei Prochorowka gegenüber. Am größten Panzergefecht der Geschichte nahmen etwa 850 sowjetische und 600 deutsche Panzer teil. Um 8.30 Uhr gab der sowjetische Befehlshaber Pawel Rotmistrow das Signal für den Angriff: „Stahl, Stahl" (auf russisch „Stalin"). Die T-34 fuhren über 5 km zu einem Frontalangriff auf. Plötzlich erschienen Wellen von T-34 in höchster Geschwindigkeit, die schräg zur deutschen Front angriffen. Das widersprach allen Regeln und Vorschriften für die gepan-

zerte Kriegführung. So hatten aber nur wenige Panther die Gelegenheit, ihre Ziele aus großer Entfernung zu erfassen und mit ihrer starken Kanone zu vernichten.

Die offizielle russische Geschichte beschreibt, wie sehr der Nahkampf die Deutschen benachteiligte. „Damit verlor der Feind die Fähigkeit, seine Kompanien und Züge zu führen. Der Nahkampf sorgte dafür, dass die Vorzüge der Tiger, die starke Kanone und die dicke Panzerung, nicht zur Geltung kamen. Sie wurden von den T-34 aus kürzester Distanz vernichtet. Zahllose Panzer fuhren quer über das Gefechtsfeld; es gab weder Zeit noch Platz, sich vom Feind zu lösen und neu zu formieren. Auf kurze Entfernung zerstörten die Geschosse die Heck- und Seitenpanzerungen. Es gab zahlreiche Explosionen, wenn die Munition detonierte und die Türme meterweit von den zerstörten Fahrzeugen aufschlugen...Auf der verbrannten schwarzen Erde brannten die getroffenen Panzer wie Fackeln. Man konnte kaum erkennen, wer angriff und wer verteidigte.“ Das Gefechtsfeld war bald von Rauch und Staub überlagert, und die Panzer waren so ineinander verzahnt, dass es keinen Sinn machte, Artillerie oder Luftunterstützung anzufordern. Die T-34 fuhren direkt vor die deutschen Panther und Tiger, die Kanonen auf die Seitenteile und Hecks gerichtet. Als ihnen die Munition ausging, fingen sie an, die deutschen Panzer zu rammen. Schließlich kämpften sie sogar zu Fuß weiter, um die feindlichen Panzer zu zerstören.

Am Ende des Tages – eines Tages, wie er in der Geschichte des Panzerkrieges nie wieder vorkommen sollte – lagen 700 Panzer zerstört und zerschossen auf dem Gefechtsfeld. Die Wannen waren durchlöchert, die Türme abgerissen. Tausende verbrannter oder noch brennender Leichen verstärkten noch die makabre Szenerie. Die Russen hatten gewonnen, denn sie hatten den deutschen Angriff abgestumpft und keinen Durchbruch zugelassen.

Nach Kursk waren die deutschen Hoffnungen auf einen Sieg im Jahr 1943 dahin, nach Kursk starteten sie keinen Großangriff mehr, und die Russen starteten den unaufhaltsamen Vormarsch auf Berlin. Die deutschen Panzerdivisionen, die ja einen Großteil der Last tragen mussten, waren am Boden zerstört. Einige hatten nur noch 17 Panzer. Die Vierte Panzerarmee verlor insgesamt etwa 300 Panzer in der Schlacht bei Prochorowka, darunter alle Panther. Die Russen hatten zwar auch etwa 400 Panzer verloren, konnten mit ihrer leistungsfähigen Industrie den Verlust aber schnell wettmachen. Außerdem hatten sie bei Kursk die Kontrolle über das Gefechtsfeld behalten und konnten so die nur leicht beschädigten Panzer bergen. Da sie mit dem T-34 nur einen Panzertyp eingesetzt hatten, gab es auch keine Probleme mit Ersatzteilen. Deutschland hatte dagegen in der Schlacht fünf verschiedene Panzertypen und zwei unterschiedliche Sturmgeschütze eingesetzt, und jedes Modell benötigte ganz spezielle Ersatzteile.

DER PANTHER BEI KURSK

Der Panther, eigentlich ein Siegertyp, konnte bei Kursk keine Wende herbeiführen. Er war zwar in der Lage, den T-34 auf große Entfernungen zu vernichten, kam aber in zu geringer Stückzahl zum Einsatz. Dazu kamen die Kinderkrankheiten. Der Panther war zu schnell gebaut worden; für die gründliche Erprobung und Entwicklung blieb keine Zeit. So hatte er bis in das Jahr 1944 Probleme mit dem Antriebsstrang. Der enge und überdies noch wasserdicht versiegelte Motorraum sorgte für überhitzte Motoren und Brände. Motorbrände mitten im Gefecht waren keine Seltenheit und belasteten die Nerven der Besatzungsmitglieder noch zusätzlich.

Oben: Panzergrenadiere und ein Panther auf dem Vormarsch durch ein Weizenfeld an der Ostfront. Die Schürzen an der Seite sollten mehr Schutz vor den sowjetischen Panzerbüchsen geben.

SOWJETISCHE TAKTIK: PAKFRONTEN

Die Panther an der Ostfront mussten sich nun mit einem ganz anderen Gegner auseinander setzen als 1941 beim Vormarsch auf Moskau. Die Rote Armee bei Kursk – und dann beim Vormarsch auf Berlin – war etwas ganz anderes als die zwar mutige, aber schlecht ausgebildete und koordinierte Truppe von 1941. Bei Kursk bewies sie Selbstbewusstsein in Angriff und Verteidigung. Zur Verteidigung hatten die Sowjets die so genannten Pakfronten eingerichtet. Dabei handelte es sich um eine Anordnung von Stellungen auf der Grundlage von Panzergruppen und durch Minensperren geschützte Panzerabwehrkanonen, die sich über eine Tiefe von 20 km erstreckten. Wegen dieser Pakfronten musste auch die Wehrmacht eine neue Taktik entwickeln, denn im Gefecht schossen nun bis zu zehn Kanonen auf den ersten deutschen Panzer ein.

PANTHERTAKTIK: PANZERKEIL UND PANZERGLOCKE

Die Panther traten bei Kursk und danach im so genannten Panzerkeil an. Diese keilförmige Formation verfügte über schwere Panzer an der Speerspitze, die sich in die sowjetische Pakfront kämpften, und mittlere und leichte Panzer an beiden Flanken. Oft war es der Panther, der zusammen mit dem Tiger die Speerspitze bilden musste, während die verwundbareren PzKpfw III und IV von den schweren Panzern geschützt wurden. Hinter dem Panzerkeil folgten die Infanterie mit MGs, die Artillerie und die Befehlsfahrzeuge.

Im Jahr 1944 wurde aus dem Panzerkeil die Panzerglocke. Bei dieser glockenförmigen Angriffsformation folgten Pionierpanzer auf die Speerspitze, wiederum aus Panthern und Tigern bestehend. Die leichteren Panzer bildeten wieder die Flanken. Die Panzerglocke verfügte über eine Befehlsgruppe, in der auch der Befehlspanther vertreten war (siehe Kapitel „Versionen"). Diese Befehlsgruppe leitete nicht nur den Panzerverband, sondern auch die unterstützenden Luftangriffe durch die Bomber und Sturzkampfbomber Ju 87 der Luftwaffe. Bei dieser neuen Taktik mussten bestimmte Kriterien erfüllt sein: entsprechende Aufklärung, gute Boden-Luft-Funkverbindungen, gute Schießfertigkeiten, Aufrechterhaltung des Angriffsschwungs, richtige Platzierung der vorgeschobenen Beobachter, genügend Munition und Kraftstoff in der Nähe der Angriffsspitze und der richtige Einsatz von weißem und farbigem Nebel als Signal und Markierung.

MELLENTHINS EINSCHÄTZUNG

Der deutsche Panzerführer Generalmajor F.W. von Mellenthin bietet in seinem Buch über Panzerschlachten eine interessante Zusammenfassung der Leistungen des Panther bei Kursk. Man erfährt hier viel über die Kinderkrankheiten des Panther:

„Bei der Operation Zitadelle fuhren und kämpften die deutschen Panzer in der Keilformation, die sich bis dahin als sehr wirksam erwiesen hatte. Die Speerspitze bildeten die schwersten Panzer, und die Tiger konnten gegen die in der Tiefe gestaffelten Pakfronten ihren Wert unter Beweis stellen. Ihre 8,8-cm-Kanonen waren besser als alles, was die Russen hatten, aber die Panther steckten, wie bereits gesagt, noch in den Kinderschuhen und versagten."

DIE SCHLACHT VON CHARKOW, AUGUST 1943

Dass die deutschen Truppen auch nach Kursk in der Lage waren, einzelne Siege davonzutragen, zeigte sich, als die Sowjets zum Angriff übergingen. Nach ihrem Sieg bei Kursk wollte die Rote Armee die strategisch wichtige Stadt Charkow nehmen. Stalin erteilte der Fünften Panzergardearmee den Auftrag. Wie bei Kursk wussten nun die Deutschen, dass die Sowjets angreifen würden und organisierten eine Verteidigung in der Tiefe. Daran waren auch 96 Panther beteiligt. Als die Sowjets im August 1943 angriffen, wurde die Fünfte Gardearmee von den Panthern übel zugerichtet. Kurz nach ihrem Sieg bei Kursk wussten die Sowjets, dass sie Gefahr liefen, die deutschen Truppen zu unterschätzen. So wurden etwa 420 Panzer von einem der Eliteverbände zerstört. Die Deutschen konnten bei Charkow noch einmal ihre taktische Überlegenheit unter Beweis stellen; was ihnen fehlte, war der strategische Schwung, um den Sowjets bei ihrem unaufhaltsamen Vormarsch nach Westen mehr als taktische Nadelstiche zuzufügen.

DIE PANTHER-VERTEIDIGUNG BEI NARWA

In der Verteidigung – und nach Kursk war die Wehrmacht nur noch in der Verteidigung – konnte der Panzer einzelne Gefechte für sich entscheiden. Ende 1943 erhielt die 11. Freiwillige SS-Panzergrenadierdivision Nordland einige Panther anstelle der bei dieser Art SS-Division üblichen StuG III. Anfang 1944 gehörte Nordland zum III. Germanischen SS-Panzerkorps von SS-Gruppenführer (Generalleutnant) Felix Steiner, das den nördlichen Teil der Ostfront am Finnischen Meerbusen bei Narwa hielt. Die Frontlinie im Norden hatte sich seit Dezember 1941 kaum verändert, allerdings war es den Sowjets 1943 gelungen, die Belagerung von Leningrad aufzuheben. Anfang Februar 1944 starteten sie eine Offensive gegen die Verteidigungslinie von Nordland entlang des zugefrorenen Flusses Narwa und richteten südlich von den Stellungen der deutschen Division einen Brückenkopf ein. Dann rückten sie nach Norden gegen die SS-Division vor. In letzter Verzweiflung setzte der Divisionskommandeur seine Panzerreserve, Panther Ausf A des 11. SS-Panzerbataillons Hermann von Salza (ein Großmeister der deutschen Ritter), ein und konnte die Sowjets zurückschlagen. Als Ende März erneut eine sowjetische Panzerkolonne durch die deutsche Verteidigung brach und die Brücke über den Narwa bei Iwangorod erreichte, setzte Nordland die Panther seiner 1. Panzerkompanie zu hektischen Gegenangriffen gegen die weit überlegenen Sowjets ein. Für seine Tapferkeit in diesem Gefecht erhielt SS-Oberscharführer (Feldwebel) Phillip Wild das begehrte Ritterkreuz. Dem III. SS-Panzerkorps gelang schließlich sechs Monate lang eine heldenhafte Verteidigung gegen weit überlegene Kräfte, bis es erst nach einem massiven Angriff der Roten Armee im Juli 1944 zurückweichen musste.

VERBESSERUNGEN AM PANTHER

Mit ständigen Verbesserungen Ende 1943 und Anfang 1944 wurde die Kampfkraft des Panther erhöht. Das unbrauchbare MG mit dem Schlitz erhielt eine Kugelblende, zusätzliche Kühlleitungen am linken Auspuff reduzierten die Überhitzung. Von September 1943 an erhielten die Panther Zimmerit-Paste gegen Haftminen. Die Paste wurde an allen senkrechten Oberflächen angebracht und sollte das Anbringen von Haftminen verhindern, die angeblich von der sowjetischen Infanterie eingesetzt wurden. Alle fabrikneuen Panzer erhielten die Zimmerit-Beschichtung und zahlreiche Panzer wurden im Feld von der Besatzung nachgerüstet. Die Paste hatte aber auch Nachteile. Sie schützte zwar den Panther vor Infanterieangriffen, aber es gab Gerüchte, dass sie für Motorbrände sorgte. Außerdem stellte sich bald heraus, dass die sowjetische Infanterie kaum Haftminen besaß, sodass die Paste eigentlich überflüssig war. Sie gab dem Panther aber ein ganz eigenes Erscheinungsbild.

Anfang 1944 hatte sich die Ostfront nach einigen Rückzügen der Wehrmacht stabilisiert. Die mechanischen Probleme

UNTEN: Eine tödliche Kombination: ein Panther und ein Panzergrenadier mit Flammenwerfer. Beide Waffen eigneten sich zum Räumen sowjetischer Stellungen.

OBEN: Nachdem die Wehrmacht sich ab 1943 auf dem Rückzug befand, wurden solche Tarnmaßnahmen immer häufiger. Hier wird der Panther mit Weizen abgedeckt.

des Panther waren im Griff, und in der Verteidigung, wie bei Narwa, konnte er seinen Wert unter Beweis stellen. Die Präzision und Schlagkraft der 7,5-cm-Kanone zerstörten jeden feindlichen Panzer auf über 2000 m. Der Panther wurde quer durch die Panzertruppe ausgegeben und nicht wie der Tiger in eigenen Verbänden zusammengezogen. 1944-1945 hatten die Sowjets viel Respekt vor seiner Kampfkraft. Sie unternahmen alles, um beschädigte Fahrzeuge zu bergen und in Stand zu setzen, sodass die Rote Armee schon bald mehrere Panther-Kompanien gegen die eigentlichen Erfinder des Fahrzeugs einsetzen konnten.

DER PANTHER UND DIE SOWJETISCHEN SOMMEROFFENSIVEN 1944

Am 22. Juni 1944, dem dritten Jahrestag der Operation Barbarossa, bildeten sowjetische T-34 die Speerspitze eines Großangriffs auf die deutsche Front. Die Deutschen wurden 725 km zurückgedrängt und verloren 25 Divisionen. Jetzt zeigte sich, wie sehr die sowjetische Panzertruppe aufgeholt hatte, sowohl im Gerät als auch in ihrer Taktik. Die Russen hatten nun genügend Panzer für riesige Panzerarmeen, mit denen die Wehrmacht einfach nicht mehr mithalten konnte. Das Kräfteverhältnis lang nun bei 3:1. Nun sollte sich die Lage endgültig wenden. Nichts erinnerte mehr an 1941 und den schnellen Vormarsch auf Moskau.

An der ganzen Front führte die Rote Armee zahlreiche Gefechte, wobei sie ihr riesiges Potenzial an Menschen und Panzern ausnutzte. Auf eine schwere Bombardierung folgte in der Regel ein Angriff mit schweren Panzern als Speerspitze, die die Verteidigung für die nachfolgenden T-34 und die Infanterie öffneten. Die Wehrmacht hatte nicht genügend Panther, um die Rote Armee aufzuhalten. Die Sowjets hingegen hatten die Reserven, um immer wieder an der gleichen Stelle anzugreifen und die Verteidigung schließlich abzunutzen.

Gegen diese Angriffe wurden die Panther zu beweglichen Gegenangriffsverbänden gruppiert. Sobald der Angriff gestartet war, drangen sie in die Flanke der Sowjets ein. Da viele sowjetische Panzer keine Funkgeräte hatten, verließen sich die Sowjets auf eine vorher abgesprochene Taktik, in der jeder Panzer nur seine Rolle beim Angriff kannte. Wegen dieser

Unbeweglichkeit gab es selten koordinierte Reaktionen auf die Gegenangriffe, und die Panther und PzKpfw IV konnten den Sowjets hohe Verluste zufügen. Gegen die besser ausgebildeten Panzertruppen der Alliierten in Frankreich und Italien konnten sie sich eine solche Taktik nicht erlauben.

Was schließlich den Ausschlag gab, war neben der materiellen Überlegenheit der Sowjets die Sturheit von Hitler, der keinen Rückzug erlaubte. In den Schlachten von 1944 wurden die Panther und die deutschen Soldaten oft umzingelt. Diese Truppen gaben entweder auf oder führten Kesselschlachten, um auszubrechen. Die Verluste waren hier besonders hoch, und jeder einsatzbereite Panther war heiß begehrt. Sie wurden zu speziellen Rettungsverbänden zusammengezogen, um eingeschlossene Truppen zu befreien. Einer dieser Verbände war das schwere Panzerregiment Bäke, benannt nach seinem Führer, Oberstleutnant Franz Bäke. Das Regiment hatte ein Tiger-Bataillon mit 34 Panzern, ein Panther-Bataillon mit 46 Panzern und zahlreiche Unterstützungswaffen, darunter ein Infanteriebataillon, Panzerartillerie und Brückenpioniere. Im Januar 1944 kämpfte Bäkes Verband einmal fünf Tage lang, zerstörte nicht weniger als 267 sowjetische Panzer, und verlor selbst nur einen Tiger und vier Panther. Bäkes Regiment bil-

UNTEN: Der Jagdpanther mit seiner starken 8,8-cm-Kanone. Er war wohl der beste Jagdpanzer im Zweiten Weltkrieg und bei den Alliierten mehr gefürchtet als der Panther.

dete dann die Vorhut des III. Panzerkorps, das den Auftrag hatte, umzingelte deutsche Truppen zu befreien. Bei diesen Gefechten konnte sich der Panther immer wieder auszeichnen. Aber wieder waren es zu wenig Panther, sie konnten allenfalls den sowjetischen Vorstoß nach Westen ein wenig aufhalten.

Der sowjetische Panzerleutnant Degan erinnert sich, wie schwierig es war, gegen den Panther zu kämpfen: „Wenn ich auf einen Tiger oder Panther traf, konnte ich nichts machen. Wenn ich gewinnen wollte, musste ich seine Schwachstellen finden und von der Seite angreifen. So bestand unsere Taktik beim Angriff, wenn wir einen Hinterhalt vermuteten, darin, plötzlich vorzufahren, anzuhalten und zu feuern, als ob wir wüssten, dass sich da etwas verbirgt. Oft flüchteten wir danach sofort. Wir hofften, dass sie das Feuer eröffneten, damit wir sehen konnten, in welche Richtung wir dann feuern mussten."

Die russische Sommeroffensive von 1944 kam schließlich durch Versorgungsprobleme und nicht durch den Widerstand des Gegners zum Erliegen. Die Russen standen nun in Polen und in Ostpreußen, dem Herz des preußischen Militarismus. Die verbliebenen Panther kämpften zäh und mutig, konnten aber gegen die schiere Masse der Roten Armee nichts mehr ausrichten. Als sich die Russen an der Weichsel niederließen, versuchten die Deutschen eine neue Front gegen den nächsten Angriff aufzubauen. Dann verloren sich auch noch einen Verbündeten, nämlich Rumänien. Russische Truppen von Roman Malinowskis Zweiter Ukrainischen Front nutzten den Zusammenbruch Rumäniens aus und nahmen, angeführt von der Sechsten Panzerarmee, Bukarest im September 1944. Noch wichtiger, sie besetzten auch die Ölfelder von Plojesti, die letzte deutsche Rohölquelle. Schon bald blieben die Panther ohne Kraftstoff liegen.

Das Problem für die Panther-Besatzungen war, dass sich nach Kursk das Kriegsglück gewendet hatte. Daher waren sie nun überwiegend in der Verteidigung anstatt in der oben beschriebenen Angriffsrolle. Obwohl der Panther gegenüber dem PzKpfw IV eine erhebliche Verbesserung darstellte, war Guderian gezwungen, sich zum Ende des Kriegs auf den zuverlässigeren (und auch in größerer Zahl verfügbaren) PzKpfw IV zu stützen. Daher widerstand er auch der Versuchung, die Produktion dieses Arbeitspferds zu Gunsten schwererer, aber auch weniger zuverlässiger Panzer einzustellen.

DIE SCHLACHT UM POLEN

Nachdem er Polen erreicht hatte, plante der sowjetische Oberbefehlshaber Georgij Schukow die letzte Offensive nach Deutschland und auf Berlin. Im Oktober 1944 waren die Pläne für eine neue Offensive weit vorangeschritten, und es wurden 13 mechanisierte Korps aufgestellt. Diese Korps bestanden aus T-34, unterstützt durch ein paar schwere Panzereinheiten mit dem schwereren JS-Panzer. Daneben mobilisierten die Sowjets für den Durchbruch durch die deutschen Linien auch Elite-Panzergardearmeen, die an die Tage der alten Zarenarmee erinnerten.

Im Januar 1945 läutete der Donner des Artilleriefeuers den russischen Angriff über die Weichsel ein. Nach den ersten Durchbrüchen durch die deutschen Linien kämpften sich die russischen Panzer durch die Breschen tief hinter die deutschen

UNTEN: Heckansicht eines Panther Ausf A aus der Mitte der Produktionszeit. Auffällig die große, weit nach hinten versetzte Kommandantenkuppel und die sechs Schürzenplatten.

OBEN: Ein Panther Ausf A mit geschwenktem Turm. Bei der Ausf A konnte der Turm in 15 Sekunden um 360° geschwenkt werden. Von der Schnelligkeit hingen oft Leben oder der Tod der Besatzung ab.

Linien. Einige russische Panzer waren mit primitiven Schnorcheln ausgerüstet, mit denen sie Flüsse durchqueren konnten. So konnten sie schon bei der Offensive 1944 Hindernisse wie die Weichsel passieren.

Die Deutschen zogen sich zurück. Die polnische Hauptstadt Warschau wurde rasch von den sowjetischen Panzern erobert, die nun bis zu 80 km am Tag vorrückten. Berlin wurde aber bei diesem Angriff nicht erobert, und der letzte Vorstoß auf Berlin wurde bis zum April hinausgezögert. Warum die Rote Armee angehalten hat, wird immer noch diskutiert. Natürlich mussten die Versorgungstruppen nachkommen, um Männer und Panzer zu versorgen. Kraftstoff war knapp, und die Panzer und Geschütze benötigten Munition. Die normalerweise recht zuverlässigen Panzerarmeen hatten wie vorher der Panther unter mechanischen Problemen zu leiden, was sich natürlich auf das Angriffstempo auswirkte. Der schnelle Vormarsch hatte seine Spuren bei Ketten und Mechanik hinterlassen. Dann war da auch der immer verzweifeltere Widerstand der Deutschen, die wenigstens ihre Hauptstadt retten wollten. Einheiten aller Art – sogar der aus ganz jungen und ganz alten Männern zusammengesetzte Volkssturm – warfen sich den anstürmenden Sowjets entgegen. Im Norden standen in Pommern noch Truppen, die drohten, den nach Berlin vorstoßenden Sowjets in die Flanke zu fallen. Es war unmöglich, Berlin auf die Schnelle zu erobern.

OPERATION FRÜHLINGSERWACHEN

Die deutschen Truppen führten weiterhin erbitterte Rückzugsgefechte. Im Westen zählte dazu die Ardennenoffensive im Dezember 1944. Der Zusammenbruch dieses Gegenangriffs im Januar brachte den abgekämpften deutschen Truppen und Panzerbesatzungen keine Ruhepause. 1945 befahl Hitler den Waffen-SS-Verbänden der Sechsten SS-Panzerarmee einen neuen Gegenangriff im Osten. Nach ein paar Tagen Ruhepause und dem Empfang fabrikneuer Panther ging die Sechste SS-Panzerarmee nach Ungarn, wo sie am 10. Februar 1945 an der Operation Frühlingserwachen teilnahm. Die SS-Hitlerjugend erhielt zum Beispiel 16 neue Panther Ausf G und hatte nun 44 Panzer. Nach vier Wochen erbitterter, aber nutzloser Kämpfe in Ungarn gegen überlegene sowjetische Kräfte hatte die Division 35 Panther verloren und verfügte nur noch über neun einsatzbereite Panther.

Oben: 1945 konnte die Rote Armee nicht mehr aufgehalten werden, egal wie viele Panther auch antraten. Hier stürmen die sowjetischen Soldaten durch die Straßen von Wien.

DIE SCHLACHT UM DIE SEELOWER HÖHEN, DEUTSCHLAND 1945

Die wenigen funktionsfähigen Panther, die die deutsche Panzertruppe noch hatte, waren auch an den letzten erbitterten Gefechten beteiligt, mit denen die Einnahme Berlins noch verhindert werden sollte. Mitte April 1945 kam es zum letzten größeren Gefecht mit Panthern. Sie kämpften gegen sowjetische Panzer, die die deutsche Verteidigung durchbrochen hatten und nun über die Seelower Höhen auf Berlin zumarschierten. Hier stellte sich zum letzten Mal ein Panther-Bataillon, unterstützt durch ein paar Tiger, der massierten sowjetischen Panzertruppe.

Die Schlacht um die Seelower Höhen begann am 16. April, als russische Suchscheinwerfer die deutschen Stellungen für einen Angriff vor dem Morgengrauen ausleuchteten. Artillerie und Jagdbomber flogen ihre vorbereitenden Angriffe auf den Gegner. Als die Panzer angriffen, gerieten sie mit der Infanterie in die entschlossene deutsche Verteidigung. Es kam zum Chaos; selbst in dieser späten Phase des Krieges, als die Niederlage längst feststand, kämpften die deutschen Truppen immer noch mit fanatischem Eifer. Rund um die Höhen kämpfte ein komplettes Panther-Bataillon (wie in der Bocage in der Normandie) in eingegrabenen Verteidigungsstellungen. Nach schweren Kämpfen zwangen die Sowjets die deutschen Truppen von den Seelower Höhen und marschierten nun auf Berlin.

Natürlich kämpften die Panther längst vergebens, und die Rote Armee konnte ihre Panzer über die Oder und die Neisse bringen. In den Städten an den Straßen nach Berlin gab es die letzten Rückzugsgefechte. Wie in Stalingrad waren die Panzer in der Stadt im Nachteil, und die Deutschen konnten mit ihren Panzerfäusten zahlreiche Panzer zerstören. Diese Panzerknackergruppen bestanden oft aus Mitgliedern der Hitlerjugend, die einen einzelnen Panther, Tiger oder PzKpfw IV besaßen und die Russen mit Panzerfäusten und Sprengladungen bekämpften. Oft war die einzige Waffe, die sie noch hatten, der so genannte „Molotow-Cocktail", eine Benzinbombe, die bei gezieltem Einsatz einen Panzer in Brand setzen konnte. Als Gegenmaßnahme fuhren die russischen Panzer nur noch mit Infanterie in die deutschen Städte. Zum Schluss aber waren die Deutschen in der Unterzahl und konzentrierten sich nur noch auf die Verteidigung von Berlin.

DIE SCHLACHT UM BERLIN

Beim Angriff auf Deutschland mussten nicht nur die Stellungen auf den Seelower Höhen durchbrochen werden, es musste auch ein Angriff durch bebautes Gebiet, Hunderte Quadratkilometer Gebäude, Straßen, Abwasserkanäle, Tunnel und Eisenbahnen geführt werden. Die Panzer waren in der Stadt extrem gefährdet, wo entschlossene Infanteriesoldaten von

Dächern, Fenstern und Gullys aus die Panzer mit Benzinbomben, Minen und Panzerfäusten eindeckten. Auf kurze Distanz und in den unübersichtlichen Straßen von Berlin musste die Rote Armee auf der Hut sein. Die Schlacht um Berlin zählte zu den härtesten Kämpfen an der Ostfront. Ende April 1945 hatten sich die deutschen Soldaten in die Vororte und das Zentrum zurückgezogen, das während des Kriegs bereits von den Luftangriffen der Alliierten heimgesucht wurde. Die Russen sorgten mit ihrer schweren Artillerie für weitere Zerstörungen. Die Ruinen boten ausgezeichnete Stellungen, in denen einzelne Trupps immer noch weiter kämpften.

Um die deutschen Stellungen in Berlin zu durchbrechen, griffen die sowjetischen Panzer oft zu einer Notlösung: sie fuhren einfach durch die Gebäude. So schützten sie sich am besten vor der Infanterie, die in den Ruinen wartete. Die Verluste unter der Zivilbevölkerung waren hoch, denn die Russen rückten unter starkem Feuer vor. Sie vernichteten Büros und Wohnungen, als sie sich allmählich dem Führerbunker näherten. Am 27. April hatten sie den Potsdamer Platz erreicht, wenige Hundert Meter von ihrem Ziel entfernt. Die letzten Tage von Hitlers Tausendjährigem Reich (das nur zwölf Jahre hielt) spielten sich in den Ruinen von Berlin ab.

Da der Panther bis zum Kriegsende die wichtigste Waffe der SS-Panzerverbände blieb, war es nur logisch, dass kleine Gruppen von SS-Panthern – wie die von der 11. Freiwilligen SS-Panzergrenadierdivision Nordland – im April und Mai 1945 an der letzten, nun schon sinnlosen Verteidigung von Berlin teilnahmen. In einem der letzten Panther-Einsätze überhaupt am 2. Mai 1945 führten die letzten beiden Panther der Division einen Versuch der umzingelten Berliner Garnison an, sich aus der sowjetischen Gefangenschaft zu befreien. Obwohl beide Panther zerstört wurden, konnten sie eine kleine Bresche in die sowjetischen Linien schlagen, durch die mehrere Hundert Soldaten der Garnison sich nach Westen durchkämpften, um sich den Amerikanern zu ergeben.

Anders als der T-34 oder der Sherman wurde der Panther nach 1945 nicht mehr eingesetzt. Er hatte noch einmal bewiesen, dass in Deutschland der Grundsatz „Qualität vor Quantität“ galt. So war es kein Wunder, dass die zahlreichen Sherman und T-34 den qualitativ besseren Panther besiegen konnten. Bei seinem wichtigsten Einsatz, der Schlacht bei Kursk, musste der Panther versagen. Hier zeigte sich das Problem der Deutschen im Zweiten Weltkrieg: sie bauten ihre hervorragenden Waffen (wie den Panther) zu spät und waren sich nicht darüber im Klaren, dass die geringe Stückzahl für einen Sieg nicht ausreichte. Es war schließlich ein Sieg der Strategie über die Taktik, und die Alliierten konnten den Zweiten Weltkrieg mit einer groß angelegten Strategie gewinnen.

UNTEN: Schwere sowjetische Panzer in Berlin im April 1945. Die zahlenmäßige Überlegenheit der sowjetischen Panzertruppe und die Luftangriffe der Alliierten ließen dem Panther keine Chance.

Kapitel 5
Kampfeinsatz: Der Italienfeldzug 1943-1945

Das zerklüftete Areal in Italien erlaubte keine groß angelegten Panzeroperationen. Allerdings konnte man „eingegrabene" Panzer hier gut zur Verteidigung nutzen. Die Wehrmacht ging sogar einen Schritt weiter, indem sie in ihren Verteidigungsstellungen, die über die ganze italienische Halbinsel reichten, Panther-Türme auf Stahlbetonfundamente setzte. So konnte sie unter Ausnutzung des gebirgigen Geländes gewaltige Hindernisse schaffen.

Unter der Führung des Luftwaffenfeldmarschalls Albert Kesselring wollte sie die Verteidigungslinie dazu nutzen, den Alliierten den Vormarsch durch Italien so schwer wie möglich zu machen. Die erste Linie, auf die die alliierten Streitkräfte trafen, war die „Hitler-Linie" entlang der Küste südlich von Rom; Teil der größeren „Gustav-Linie" die sich um die gesamte Küstenlinie erstreckte. Zur Gustav-Linie gehörte das berüchtigte Kloster Monte Cassino, um das es 1944 vier erbitterte Schlachten gab.

DER PANTHER-BODENTURM

Der Panther-Bodenturm bestand aus dem üblichen Panther-Turm und seiner 7,5-cm-Bordkanone (gelegentlich auch einer 8,8-cm-Kanone). Sie saß auf einem rechteckigen Stahlkasten, der in den Boden eingegraben wurde. Der Kasten selbst war zweiteilig. Der obere Teil war 3,32 m lang, 2,83 m breit und 97,7 cm hoch. Zu ihm gehörten der Kugelring für den Turm und ein Schacht über einer eisernen Leiter, die in einen zweiten Teil führte. Dieser zweite Teil hatte ähnliche Maße, war aber 2 m hoch und in drei Abschnitte unterteilt. Einer war als Schlafraum für die Besatzung mit Holzplatten verkleidet und hatte eine Notausstiegsluke. Im zweiten Teil waren die Haupt-

LINKS: Ein Panther-Kommandant beobachtet den Horizont, geschützt von einer Ruine an der italienischen Front. Diese Aufklärung durch Sicht war unersetzlich, weil Deutschland keine Luftüberlegenheit hatte.

OBEN: Ein Panther Ausf D fährt in Italien eine Böschung herunter. Wenige Panther wurden in Italien eingesetzt, denn das zerklüftete Gelände war für große Panzeroperationen nicht geeignet.

luke und eine Leiter, während der dritte als Lagerraum für Verpflegung und Munition diente. Der Bodenturm hatte eine elektrische Beleuchtung – gespeist von einer Batterie im Lagerraum – und Ventilatoren, um Dämpfe abzuziehen. Der gesamte Kasten wurde in den Boden versenkt, bis er nur noch ca. 30 cm herausragte. Dann wurde er mit einer langen Rampe eingetarnt. Der Hauptzugang begann etwa 12 m vor dem Turm und bestand aus einem Schlitzgraben, der steil nach unten führte und von oben mit Holzbalken und Erde eingetarnt wurde.

Der Bodenturm wird gelegentlich mit dem Schmalturm verwechselt. Dabei handelte es sich aber um einen experimentellen kurzen Turm, der mit einem Koinzidenzentfernungsmessgerät ausgestattet war. Die Versuche mit diesem Turm wurden auf der Basis eines Chassis der Ausf G durchgeführt. Dieser Schmalturm hat aber nichts mit den Bodentürmen zu tun, die im Italienfeldzug eingesetzt wurden.

Die Alliierten, die sich von Süden näherten, trafen erstmals 1944 auf diese Panther-Türme, als sie die deutschen Stellungen der Hitler-Linie südlich von Rom angriffen. Im Mai 1944 erlebten die britischen Truppen der 5th Buffs und 8th Argylls einen ziemlichen Schock, als sie in der Nähe der Stadt Aquino die Hitler-Linie angriffen. Am Morgen des 19. Mai kämpften sie sich durch den Frühnebel des Liri-Tals voran. Sie gelang-

LINKS: **Panther-Türme wurden in großer Zahl an den Verteidigungslinien in Italien eingesetzt. Hier inspiziert ein britischer Soldat im September 1944 einen erbeuteten Turm an der Gotischen Linie.**

ten auch gut durch die deutschen Minensperren, bis der Nebel sich plötzlich lichtete. Die kanadischen Panzer, die den Angriff unterstützten, standen plötzlich im freien Gelände und sahen einer neuen deutschen Panzerabwehrwaffe in die Rohre. Das waren nicht die gewöhnlichen gezogenen oder selbst fahrenden Lafetten. Es hatte zwar Luftaufnahmen gegeben, aber niemand hatte die merkwürdigen Erhebungen in den deutschen Verteidigungsstellungen so recht deuten können.

GEFECHT AN DER HITLER-LINIE

Nun wusste man es. Die Erhebungen verbargen die Panther-Türme auf ihren Betonstellungen. Sie sicherten alle möglichen Anmarschwege zwischen den Minensperren und Gräben rund um die Stadt Aquino. Besetzt waren die Türme durch eine speziell ausgebildete Kompanie der 15. Panzergrenadierdivision, der so genannten Pantherturmkompanie. Diese Männer hatten im vorigen Winter reichlich Erfahrungen an der Ostfront gesammelt. Innerhalb von Minuten verschwand der Nebel und viele der kanadischen Sherman gingen in Flammen auf. Die Buffs und Argylls mussten sich unterdessen mit schwerem Mörser- und MG-Feuer der deutschen Unterstützungskräfte auseinander setzen. Drei Shermans der ersten Gruppe wurden sofort von den Panther-Türmen außer Gefecht gesetzt, und der alliierte Vormarsch auf die Hitler-Linie geriet erst einmal ins Stocken.

Weitere Aufklärungsergebnisse zeigten, mit welch verheerenden Wirkungen die Deutschen die Panther-Türme eingesetzt hatten. Die Stärke der deutschen Verteidigung lag in der Panzerabwehr, unterstützt von einer starken Zusammenfassung von Artillerie und Nebelwerfern. Die Panzerabwehrstellungen selbst bestanden aus großen Minenfeldern, überwacht von Panzerabwehrwaffen und Infanteriestellungen. Die Panzerabwehrwaffen wurden in einer Reihe von Speerspitzen eingesetzt. An der Spitze eines jeden Speers stand ein Panther-Turm in seinem Betonfundament. Dahinter agierten zur Unterstützung der Panther-Türme sechs gezogene oder selbst fahrende Panzerabwehrgeschütze. An der Front von Aquino standen insgesamt 62 Panzerabwehrgeschütze über eine Breite von 7315 m. Frontal konnten diese starken Stellungen nur durch den Einsatz schwerer Artillerie in Verbindung mit ständigen Infanterieangriffen durchbrochen werden. Die Infanterie musste sich dazu langsam nach vorn arbeiten und versuchen, die Panther-Türme von hinten anzugreifen, während die Artillerie die Ziele beschoss und die Panzer Nahunterstützung leisteten.

Das war natürlich keine einfache Aufgabe. Als der Angriff auf Aquino am 22. Mai fortgeführt wurde, wurden die angreifenden Truppen der Princess Patricia's Canadian Light Infantry schnell durch unerwartete Minensperren und das Feuer von den Panther-Türmen aufgehalten. Weitere Panther-Türme stoppten eine unterstützende Panzerkompanie der North Irish Horse, und die Infanterie musste allein weitermachen. Bald versagten aber die Verbindungen, und die Patricias gerieten außer Kontrolle. Zwei Tage später kehrten 30 Mann von ihnen, die bis in den deutschen Funkbereich gelangt waren, zu ihrem Regiment zurück.

Die in der Mitte angreifenden Seaforths hatten unterdessen die gleichen Probleme wie die Patricias. Die unterstützenden Panzer fuhren in eine Minensperre und waren auf kurze Entfernung einfache Ziele für die Panther-Besatzungen. Eine Kanone zerstörte 13 Churchill, bevor ein Panzer brechendes Geschoss ihre Munition entzündete. Die Seaforths versuchten es wie die Patricias ohne die unterstützenden Panzer, konnten so aber die deutsche Linie nicht durchbrechen. Zum Ende der Schlacht wurden an einem einzigen Tag 41 von 58 Panzern an der Front der 2. kanadischen Brigade vernichtet.

PANTHER GEGEN SHERMAN

Als am 24. Mai die deutschen Stellungen an der Hitler-Linie in einer Flankenbewegung umgangen werden sollten, setzte die Wehrmacht zum ersten Mal den Panther in seiner normalen Rolle an der Westfront ein. Die Turmstellungen waren ja keine Panzer im eigentlichen Sinn. In einem kurzen Gefecht vernichteten die kanadischen Shermans drei Panther und zahlreiche selbst fahrenden Geschütze. Das ist schon bemerkenswert, wenn man bedenkt, wie viele Schwierigkeiten die alliierten Panzer wie der Sherman sonst mit dem Panther hatten.

Es gab zwar einige Panzer mit stärkeren Bordkanonen, aber in der Regel hatte der Sherman eine 75-mm-Kanone, die gegen Panther und Tiger nicht viel ausrichten konnte. Damit konnte der Sherman auf keine Entfernung die Frontpanzerung des Panther durchbrechen, während die 7,5-cm-Kanone des Panther einen Sherman auf über 2700 m vernichten konnte. Die besten Chancen hatte der Sherman noch, wenn er den Panther in die Seite traf, wo er selbst auf über 3600 m noch Erfolgsaussichten hatte. Der Panther aber konnte den Sherman auf über 4500 m von der Seite vernichten. Obwohl der verbesserte Sherman mit der 76-mm-Kanone schon mehr Durchschlagskraft hatte, war der Panther immer noch im Vorteil: ein Sherman mit 76-mm-Kanone konnte zwar auf 548 m einen Panther-Turm von vorn durchschlagen, dem Panther gelang das Gleiche gegen den 76-mm-Sherman aber aus über 2700 m.

In der Normandie kam es häufiger zu Gefechten zwischen Panther und Sherman. In Italien kamen zwar stets einige wenige Panther in ihrer üblichen Form zum Einsatz; hier machten sie sich aber besonders als feste Stellungen verdient. Mit ihnen war die Hitler-Linie kaum zu brechen, und so gelang es, den Vormarsch der Alliierten auf Rom aufzuhalten. Daher konzentrierte sich die Wehrmacht besonders auf den Panther, als sie die Verteidigung Italiens nördlich von Rom plante, nachdem die Amerikaner die Stadt am 5. Juni 1944 eingenommen hatten.

Unten: US-Infanteristen begutachten 1944 in Italien einen zerschossenen Panther. Links neben der Kanone ist die Öffnung für das koaxiale 7,92-mm-MG zu erkennen.

OBEN: Die Betonsteine haben nicht als Schutz für diesen Panther ausgereicht. Das italienische Gelände begünstigte einen statischen Stellungskrieg, wofür der gut gepanzerte Panther durchaus geeignet war.

DIE GOTISCHE LINIE

Weiter im Norden bauten die deutschen Truppen eine weitere Linie, um die Alliierten aufzuhalten. Diese Gotische Linie (von den Alliierten als Pisa-Rimini-Linie bezeichnet) erstreckte sich von Pesaro an der Adria quer über die italienische Halbinsel nördlich von Florenz bis nach Massa am Mittelmeer. Die Gotische Linie basierte wie die Hitler-Linie stark auf den Panther-Türmen. Ihr Bau war durch den Bau der Hitler- und Gustav-Linie weiter im Süden verzögert worden, aber nachdem diese Linien gefallen waren, arbeitete die Wehrmacht in aller Hektik an der neuen Linie.

Die Gotische Linie war eine beeindruckende Sperre. Hier wurden die Panther-Türme, teils sogar mit 8,8-cm-Kanonen, auf Stahlbetonfundamente gesetzt. Die Kanonen lagen dicht über dem Boden und hatten ausgedehnte Feuerbereiche, waren aber selbst kaum zu treffen. Rund um die Türme befanden sich Hunderte von Unterständen aus Stahl, in denen die Infanterie Unterschlupf fand. Dazu kamen Tunnel in den Felsen mit eingeschnittenen Schießscharten und tiefe Minensperren. Die Gotische Linie nutzte optimal das hügelige Gelände, durch das die Alliierten angreifen mussten. So zog sich quer durch die italienische Landschaft ein 16 km tiefes Hindernis, das die Alliierten erst einmal überwinden mussten. Die Deutschen setzten etwa 15 000 italienische Arbeiter ein, die von der Organisation Todt überwacht wurden. Nachdem die Wehrmacht die Linie fertig hatte, schuf sie eine freie Feuerzone, indem sie die örtliche Bevölkerung entlang der Linie evakuierte.

Was der Gotischen Linie aber fehlte, waren genügend Panther-Türme. Die deutschen Truppen gaben ihr Bestes, die Türme einzubauen, schafften es aber nicht vollständig, bis die Alliierten Ende 1944 angriffen. Trotz dieser Lücken war die Gotische Linie keineswegs einfach zu nehmen. Die Verluste der Alliierten waren extrem hoch, als sie durch das leergeräumte Vorfeld und die Minensperren der Linie angriffen. Die deutschen Panther-Türme und Panzerabwehrgeschütze zerfetzten die angreifenden Shermans, und die deutsche Infanterie warf die feindliche Infanterie zurück, die bis zur Linie vorgedrungen war. Unter hohen Verlusten gelang es den Alliierten schließlich, die Linie im September 1944 zu durchbrechen, während die Wehrmacht in ganz Europa auf dem Rückzug war.

DER PANTHER IN ITALIEN

Der Italienfeldzug wurde in hügeligem, engem Gelände geführt und hatte nichts mit den Kämpfen in der offenen Steppe an der Ostfront und mit dem Sturm durch Frankreich nach dem Ausbruch aus der Normandie gemeinsam. Das Gelände war für groß angelegte Panzeroperationen nicht geeignet, aber die Panther konnte sich in der Verteidigung trotzdem bewähren, sowohl als bewegliche Stellung wie auch als Geschützturm auf Stahl und Beton. Als Bodenturm kam der Panther auch in den letzten Phasen der Kämpfe an der Ostfront zum Einsatz.

Kapitel 6

Kampfeinsatz: Von der Normandie nach Deutschland, 1944-1945

Die Panther bildeten auch das Rückgrat der Wehrmacht bei ihren Bemühungen, im Sommer 1944 die Invasion der Alliierten in Frankreich aufzuhalten. Ende 1943 und Anfang 1944 war das Westheer dabei, seine Kräfte aufzufüllen und Festungen des Atlantikwalls zu verstärken, um die erwartete Invasion der Alliierten zurückzuschlagen.

Feldmarschall von Rundstedt, der deutsche Oberbefehlshaber im Westen, konnte sich auf zwei Heeresgruppen stützen, darunter die Heeresgruppe B von Feldmarschall Rommel, die in dem Gebiet lag, wo die Alliierten landen würden. Rommel führte unter anderem die 15. Armee in der Gegend von Calais und die 7. Armee von Generaloberst Friedrich Dollmann, die für den Schutz der Bretagne und der Normandie sorgte. Außerdem verfügte von Rundstedt über eine strategische Panzerreserve in Form der Panzergruppe West. Über die Strategie zur Abwehr der Alliierten konnte man sich aber nicht einig werden. Rommel wollte seine Panzerdivisionen in der Nähe der Küste einsetzen, um eine schnelle Gegenoffensive gegen die landenden Alliierten zu starten, solange sie noch verwundbar waren. Andere hohe Truppenführer wollten die Panzer zurückhalten und erst zum Gegenangriff ansetzen, wenn die Alliierten weiter in das Inland vordringen wollten. Zur Ausführung gelangte schließlich ein Kompromiss zwischen beiden Ansätzen, der niemanden zufrieden stellen konnte.

Am 6. Juni 1944 verlegte das Westheer neun Panzerdivisionen und eine Panzergrenadierdivision, die aber in der Regel unterbesetzt waren. Insgesamt verfügte das Westheer an jenem Tag über 1513 Panzer aller Art, darunter 409 Panther. Zu

LINKS: Die Alliierten mussten den Panther schon von der Seite oder von hinten erwischen, um ihn zu zerstören. Hier ein getroffener Panther 1944 in einem Dorf in der Normandie.

Oben: Panther im Juni auf dem Weg zum Brückenkopf in der Normandie. Eliteverbände wie die SS-Divisionen und die Panzerlehrdivision erhielten als Erste das neueste Gerät.

diesem Zeitpunkt hatte das Westheer keinen einzigen einsatzbereiten Jagdpanther, und dieser blieb in der Normandie stets eine seltene Erscheinung: nur 14 kamen überhaupt zum Einsatz. Bis zum 1. August 1944 waren erst insgesamt 47 Jagdpanther in ganz Europa zum Einsatz gekommen.

Am Tag D, dem 6. Juni 1944, landeten die Alliierten trotz schlechten Wetters an der normannischen Küste. Die Deutschen waren überrascht und reagierten an diesem wichtigen ersten Tag viel zu langsam. Am 7. Juni versuchten die PzKpfw IV und Panther der 12. SS-Hitlerjugend und der 21. Panzerdivision, die gelandeten englischen und kanadischen Truppen wieder auf das Meer zurückzutreiben. Gleichzeitig beorderte von Rundstedt zusätzliche gepanzerte Kräfte rasch an die Front in der Normandie. Während des 7. Juni marschierte die Panzerlehrdivision von General Bayerlein, die ungewöhnlich viele Panther hatte (insgesamt etwa 90), an die Front, musste aber schwere Verluste durch die taktischen Luftstreitkräfte der Alliierten hinnehmen. Am 9. Juni ging das I. SS-Panzerkorps (mit der Lehrdivision, der 12. SS-Hitlerjugend und der 21. Panzerdivision) zur Verteidigung über. Nun versuchte man nicht mehr, die Invasion zu verhindern, sondern begnügte sich damit, den weiteren Vormarsch aufzuhalten. So fingen die Soldaten über die ganze Front, angefangen südöstlich von Bayeaux bis nordöstlich von Caen, an, ihre PzKpfw IV und Panther sorgfältig einzugraben und zu tarnen.

Während des restlichen Juni verlegte die Wehrmacht weitere Panzerverbände an die Front, um einen Großangriff vorzubereiten. Gegen Ende Juni 1944 hatte auch das II. SS-Panzerkorps den Brückenkopf erreicht, nachdem es von der Ostfront nach Frankreich verlegt worden war. Während das II. SS-Korps die Rückverlegung abschloss, versuchten die deutschen Truppen, ihre Stellungen gegen die zahlreichen Angriffe der Alliierten zu halten, um ihnen möglichst wenig Bewegungsfreiheit einzuräumen. Am 12. Juni allerdings konnten britische Panzertruppen den deutschen Panzerschirm vor Caen durchbrechen. Als aber am nächsten Tag die 7. britische Armoured Division nach Süden vordrang, zerschlugen die deutschen Panzer bei Villers Bocage die britische Speerspitze. Ein Dutzend Tiger-Panzer vom 101. schweren SS-Panzerbataillon un-

UNTEN: Die Panther legen auf dem Weg in die Normandie eine Rast ein. Die beiden Panzer stehen so, dass das empfindliche Heck gut geschützt ist.

ter der Führung von SS-Obersturmführer (Leutnant) Michael Wittmann hinterließ 40 brennende britische Panzer auf dem Gefechtsfeld. Das gab den Deutschen eine Atempause, um ihre zerstörten Stellungen westlich und nördlich von Caen wieder herzustellen.

Gegen Ende Juni war ein weiterer mächtiger Panzerverband an der Front eingetroffen: die 2. SS-Panzerdivision Das Reich. Die Division war bereits am 8. Juni 1944 von Südfrankreich in die Normandie aufgebrochen, kam aber wegen der Angriffe der französischen Résistance nur langsam voran. Als sie endlich an der Front war, hatten die verteidigenden deutschen Truppen weitere 51 Panther. Mit der Division traf auch einer der besten SS-Panzersoldaten an der Front ein, der Unteroffizier Ernst Barkmann. Nachdem Barkmann seine Fähigkeiten auf einem Panther Ausf A im Herbst 1943 an der Ostfront unter Beweis gestellt hatte, kommandierte er nun einen Ausf G in der 4. Kompanie des 2. SS-Panzerregiments.

EPSOM

Am 24. Juni 1944 fing Rommel an, einen gepanzerten Gegenschlag zu planen, mit dem er die Alliierten zurück über den Ärmelkanal treiben wollte. Inzwischen war das II. SS-Panzerkorps von Oberstgruppenführer (Generaloberst) Hausser mit dem Zug in Ostfrankreich eingetroffen und machte sich auf an die Front. Am Abend des 28. Juni erreichte Haussers Korps mit 80 Panthern und etwa 90 PzKpfw IV die Front um Caen. Er hatte aber das Pech, dass General Montgomery über das Ultra-Aufklärungssystem von seinen Absichten erfahren hatte. Montgomery startete seinen eigenen Angriff, die Operation Epsom, um Rommel zu zwingen, seine SS-Panzer einzusetzen und nicht zum Gegenangriff in der Reserve zu belassen. Im Rahmen von Epsom griff das VIII. Corps von General Richard O'Connor westlich von Caen an und versuchte, nach Südosten durch das Odon-Tal vorzudringen, um Caen vom Süden zu bedrohen. O'Connors Kräfte konnten zum Odon vordringen, und somit musste Rommel Haussers SS-Panzerkorps am 29. Juni zu einem Gegenangriff zusammenziehen. Als Haussers Korps sich zum Angriff versammelte, wurde es von der Schiffsartillerie und Artillerie der Alliierten mit Feuer belegt. Beide SS-Divisionen wurden zerschlagen und verloren 19 Panther. Haussers Korps leitete am nächsten Tag den Gegenangriff ein, kam aber kaum voran.

Nach dem Scheitern von Haussers Offensive plante die Wehrmacht eine neue Strategie. Nun wollte man die Alliierten in ihrem Brückenkopf einschließen, um ihnen keinen Raum zur Ausdehnung und für wichtige bewegliche Operationen zu geben.. Am 10. Juli verließen die deutschen Truppen ihre Stellungen nördlich von Caen und konzentrierten sich darauf, südlich von Caen eine mächtige Verteidigungsstellung einzurichten, um die offene Landschaft südlich des Bourguebus-Höhenzugs zu schützen. Bis zum 18. Juli hatte die Heeresgruppe B ein weit reichendes Verteidigungssystem mit fünf einzelnen Linien eingerichtet.

GOODWOOD

Am 18. Juli 1944 startete Montgomery seine Offensive „Goodwood“. Er wollte mit drei Panzerdivisionen von O'Connors VIII. Corps Caen von Osten umgehen. Die Alliierten wussten nicht, dass sie auf das tiefste Verteidigungssystem stießen, das bislang in der Normandie eingerichtet worden war. Vor den Bodenangriffen zerschlugen die Alliierten mit massiven Artillerie- und Luftangriffen die deutschen Stellungen, sodass die 11. britische Armoured Division am Morgen rasch vorankam. Diese ersten Angriffe reichten aber kaum bis an die tieferen Stellungen auf dem Bourguebus, wo sich auch 49 Panther des 1. SS-Division Leibstandarte befanden. Als die 11. Armoured am Nachmittag weiter vorrückte, lancierten die deutschen Panzerreserven kleine Gegenangriffe, um Zeit zu gewinnen, während sich SS-Panzerkompanien hinter dem Rücken des Bourguebus zu einem großen Gegenschlag versammelten. Am Abend schlugen sie zu und zerschlugen die gepanzerte Speerspitze der Briten. Operation Goodwood lief zwar bis zum 20. Juli weiter, der alliierte Vormarsch wurde aber schon in der Nacht vom 18. zum 19. Juli von deutschen Tigern und Panthern aufgehalten.

DER AMERIKANISCHE AUSBRUCH

Während Montgomery die Operation Goodwood führte, planten die Amerikaner die Großoffensive „Cobra", um die Tatsache zu nutzen, dass die Briten die deutschen Truppen nach Caen lockten. Am 26. Juli begann General Bradley Cobra mit konzentrierten strategischen Bombenangriffen. Die bereits angeschlagene Panzerlehrdivision musste erneut starke Verluste hinnehmen; am Abend des 27. Juli hatte sie nur noch fünf einsatzbereite Panther. Während der ersten 48 Stunden durchbrachen die Amerikaner die deutsche Verteidigung und wandten sich nach Süden. Unter den verzweifelt verteidigenden Soldaten der SS-Division Das Reich befand sich auch Ernst Barkmann, der zu dieser Zeit bereits zehn feindliche Panzer abgeschossen hatte. Sein Panther lieferte sich erbitterte Gefechte mit den amerikanischen Shermans, bevor er mechanische Probleme bekam. Die Mechaniker reparierten die Panzer über Nacht, und am nächsten Tag stellte sich Barkmann wieder den Angreifern. Als die Alliierten vorrückten, wurde Barkmann aber vom Rest seiner 4. Kompanie abgeschnitten. Der SS-Unteroffizier kämpfte allein weiter gegen die Amerikaner und vernichtete noch acht feindliche Panzer, bevor sein Panzer nach mehreren starken Treffern nicht mehr einsatzbereit war und er sich nach Süden retten musste.

Trotz isolierter Erfolge wie denen von Barkmann war die immer noch starke SS-Division Das Reich nicht in der Lage, die Alliierten aufzuhalten. Ein Grund davon lag im Zusammenbruch des Versorgungssystems. Seit dem Tag D hatten die Luftwaffen der Alliierten systematisch das deutsche Transportsystem in der Normandie unter Beschuss genommen und damit den Nachschub an Kraftstoff und Munition an die Front fast zum Erliegen gebracht. So waren am 26. Juli die deutschen Vorräte an Kraftstoff und Munition im Abschnitt Cobra auf einem kritischen Tiefpunkt angelangt. So war die 2. SS-Division gezwungen, zwei ganze Kompanien wertvoller Panther-Panzer aufzugeben und konnte nicht die beweglichen Gegenschläge ausführen, die sich bei Goodwood als so erfolgreich erwiesen hatten.

Bis zum 29. Juli waren die Amerikaner bei immer schwächerer deutscher Gegenwehr 48 km nach Avranches am Fuß der normannischen Halbinsel vorgerückt. Auch der heldenhafte Widerstand von Ernst Barkmann war inzwischen gebrochen; er musste seinen brennenden Panther aufgeben und sich drei Tage lang zu Fuß aus der amerikanischen Umzingelung kämpfen. Als die Amerikaner am 29. Juli Avranches eingenommen hatten, waren sie in der Lage, in allen Richtungen aus der Normandie auszubrechen. Nun schickten sie die Divisionen von General Pattons 3. Armee in dieses Loch in der deutschen Front. Bei geringem deutschen Widerstand drangen sie schnell in die Mitte Frankreichs vor.

OBEN: Zwei zerstörte Panther Ausf A in der Normandie. In der Heckenlandschaft der Bocage fanden die Gefecht auf kürzeste Entfernungen statt.

BLUECOAT

Nachdem es den Amerikanern gelungen war, mit Cobra die deutschen Stellungen zu durchbrechen, versuchten britische Truppen, mit der Operation „Bluecoat", diese 48 km breite Bresche in der deutschen Front auszuweiten. Von Caumont aus rückten sie in südlicher Richtung auf Vire und Vassy vor. Die angeschlagenen deutschen Verteidiger konnten sie nicht

aufhalten. Trotzdem gelang den Deutschen am 30. Juli ein bemerkenswerter taktischer Erfolg, als eine Kompanie der soeben eingetroffenen Jagdpanther sich erstmals in die Kämpfe an der Westfront einschaltete. Am Tag D hatte das 654. schwere Panzerabwehrbataillon in der Nähe von Paris die ersten Übungen mit den neu eingetroffenen Jagdpanthern durchgeführt. Ende Juli 1944 war erst eine Kompanie mit diesen Fahrzeugen kampfbereit und erhielt den Auftrag, die Offensive Bluecoat aufzuhalten. Am 30. Juli gelang es der 2. Kompanie des 654. schweren Panzerabwehrbataillons, den Schwung des Angriffs zu brechen. Am Morgen war die 15. britische (schottische) Division mit der 6. Guards Tank Brigade durch die Verteidigungslinie gebrochen und rückte auf Hügel 309 zu. Dort lagen drei Jagdpanther im Hinterhalt und überfielen eine Kompanie Churchill-Panzer. In einem kurzen Feuerwechsel zerstörten sie elf Churchills, bevor sie sich unter dem britischen Feuer zurückzogen. Zwei beschädigte Jagdpanther mussten zurückgelassen werden. Trotz dieses einzelnen Erfolgs rückten die britischen Panzer weiter nach Süden vor und nahmen Vire Anfang August ein.

UNTEN: Ein verunfallter Panther, der sich in einem Telefonkabel verfangen hat, wird von einem alliierten Soldaten untersucht. Die Gräben und Hecken sind typisch für die Normandie.

Oben: **Panzergrenadiere bereiten sich in der Normandie auf einen Angriff der Alliierten vor, während der Panther Deckung gibt. So offen blieben die Panther den Luftangriffen nicht lange ausgesetzt.**

MORTAIN

Als die amerikanischen Panzer sich von Avranches aus in ganz Frankreich ausbreiteten, blieb der Wehrmacht vernünftigerweise nichts übrig, als sich hinter die Seine zurückzuziehen. Hitler befahl aber einen Gegenangriff, die Operation „Lüttich", von der Gegend um Mortain aus. Bei diesem Gegenschlag drang das XLVII. Panzerkorps nach Avranches vor, um das Dutzend amerikanischer Divisionen, die bereits über Avranches hinaus vorgestoßen waren, zu umzingeln und zu zerschlagen. Zu diesem Zweck sammelte das deutsche Heer die angeschlagenen Reste von sechs beweglichen Divisionen zu einem Panzerverband mit etwa 250 Panzern, darunter etwa 95 Panther. Der Verband erhielt sogar Kraftstoff für eine mehrtägige Offensive, aber das war nur gelungen, indem man die Versorgung anderer Frontabschnitte eingestellt hatte.

In der Nacht vom 6. auf den 7. August 1944 griffen die 185 PzKpfw IV und Panther des XLVII. Korps in Richtung Avranches an. Als aber die amerikanischen Reserven eintrafen, kam der Angriff zum Stehen, und die Panther erlitten besonders schwere Verluste. Da unvermeidliche Scheitern der Operation Lüttich verschlimmerte die deutsche Lage noch, denn ein

Großteil der deutschen Panzer stand nun weiter westlich und wurde allmählich von einer großen alliierten Kräftemassierung umzingelt, die sich allmählich im Bereich Mortain-Argentan bildete.

TOTALIZE

Trotz des Scheiterns bei Mortain konnten die deutschen Panther auch Erfolge bei ihren Bemühungen verbuchen, den alliierten Vormarsch südlich von Caen aufzuhalten. Anfang August fing das II. kanadische Corps von General Simonds mit den Planungen zu Operation „Totalize“ an. Damit wollte er von der Bourguebus-Region aus nach Süden vorstoßen, um sich mit den Amerikanern zu treffen, die aus Avranches ausgebrochen waren und nun nördlich auf Argentan vorrückten. Den Deutschen war klar, dass bei einem Erfolg der Operation Totalize etwa 20 deutsche Divisionen im Bereich Falaise umzingelt wären. Um das zu verhindern, bauten sie eine mächtige Verteidigung südlich von Caen auf. In den Morgenstunden des 8. August rückten die kanadischen Panzer nach einem schweren Bomberangriff nach Süden vor. Obwohl sie die ersten Stellungen schnell durchbrechen konnten, befahl Simonds eine Pause, um einen zweiten Luftangriff durchzuführen. Das gab den angeschlagenen Verteidigern aber genügend Zeit, ihre Stellungen wieder herzurichten.

Im Rahmen der folgenden Angriffsphase versuchte der kanadische Einsatzverband Worthington Force, den Hügel 195 zu nehmen. Der Verband verlor sich aber in der Nacht vom 8. auf den 9. August und wurde im Morgengrauen von zwei kleinen SS-Panzerkommandos, die nur 15 Panther und ein paar andere Panzer hatten, angegriffen und schwer geschlagen. Bis zum Abend des 9. August war es den ausgedünnten deutschen Panzerverbänden tatsächlich gelungen, die Offensive Totalize zum Stehen zu bringen.

In den nächsten vier Tagen bis zum 14. August führten die deutschen Verbände dann ein Rückzugsgefecht gegen die Operation „Tractable“, den zweiten kanadischen Versuch, Falaise zu nehmen.

DER KESSEL VON FALAISE

Den Kanadiern gelang es erst am 18. August, Falaise einzunehmen. Bis dahin waren die Reste von 20 deutschen Divisionen auf dem Weg nach Osten, um der alliierten Umklammerung rund um Trun zu entgehen. Nachdem die amerikanischen und kanadischen Verbände am 19. August Falaise umzingelt

UNTEN: Ein Panther mit der Zimmerit-Paste gegen Haftminen. Diese Paste wurde zum Kriegsende wieder aufgegeben. Man konnte nicht mehr warten, bis sie getrocknet war...

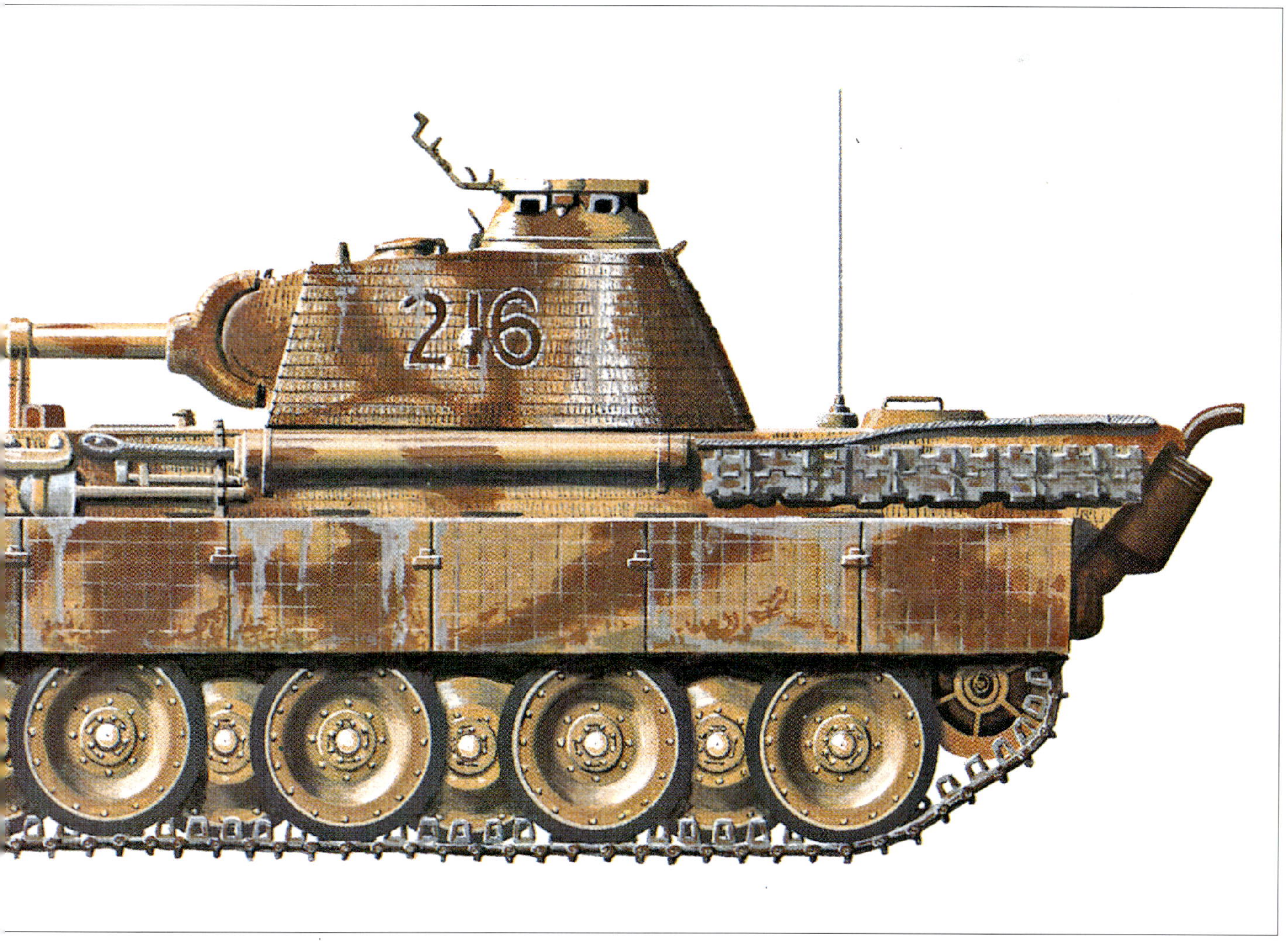

Oben: Zwei Panzergenerationen in der Normandie. Vorne der PzKpfw IV, den der Panther eigentlich ersetzen sollte. Die breiteren Ketten des Panther sind gut zu erkennen.

hatten, griffen die wenigen verbliebenen Panther des II. SS-Panzerkorps von außen an, um eine Bresche für die umzingelten deutschen Truppen zu schlagen. Gleichzeitig versuchten rasch aufgestellte Kampfgruppen, sich aus der Umzingelung freizukämpfen. Die Alliierten konnten diesen verzweifelten Ausbruchsversuchen standhalten. Nur wenige deutsche Trupps konnten sich aus diesem Inferno freikämpfen, das als Hölle von Falaise in die Geschichte einging. Etwa 35 000 von insgesamt 100 000 Soldaten bei entkamen der Umzingelung und Vernichtung. Allerdings konnten sie ihr schweres Gerät kaum mitnehmen. Die SS-Division Das Reich konnte beispielsweise nur einen einzigen kampfbereiten Panther retten.

Bis zum 23. August hatten den Alliierten den letzten Widerstand niedergekämpft. Die angeschlagenen Reste der Heeresgruppe B standen nun vor der Gefahr, in einem größeren Kessel vor den Seine von den Alliierten umzingelt zu werden. Um ein zweites Falaise zu verhindern, zogen sie sich in einem Tag-und-Nacht-Rennen rasch zurück, um den Fluss vor den Alliierten zu überqueren. Ein Großteil der drei Dutzend Panther, die aus dem Kessel von Falaise gerettet werden konnten, fiel auf dem Weg zur Seine entweder den alliierten Luftangriffen zum Opfer oder musste wegen Kraftstoffmangel aufgegeben werden. Einige erreichten zwar die Seine, konnten aber unter dem schweren Feuer der Alliierten nicht über den Fluss gebracht werden. Zwei Jagdpanther der 2. Kompanie des 654. Panzerabwehrbataillons hatten da mehr Glück. Sie überstanden alle Risiken und konnten bei Elbeuf über die Seine setzen. Als schließlich auch die Alliierten die Seine erreicht hatten, hatte das ganze Westheer vielleicht noch 60 Panzer, darunter nicht mehr als 15 Panther. Die Panzertruppe des Westheers existierte praktisch nicht mehr und nichts konnte die Alliierten mehr aufhalten. Sie stürmten durch Frankreich und Belgien an die Grenze des deutschen Reichs. Nur die überdehnte Logistik der Alliierten bewahrte die deutschen Truppen im August und September 1944 vor einer noch größeren Katastrophe an der Westfront.

DIE ARDENNEN

Eine weitere deutsche Operation im Westen, bei der der Panther eine wichtige Rolle spielte, war die Ardennenoffensive im Dezember 1944. Als der Vormarsch der Alliierten am 16. September 1944 kurz vor den Grenzen des Reichs angekommen war, entschied sich Hitler, Mitte Dezember einen deutschen Gegenangriff in den Ardennen zu starten. Damit

Links: Deutsche Panzer versuchen in Frankreich einem alliierten Luftangriff zu entgehen. Derart ungeschützte Panzer fielen schnell den alliierten Jagdbombern zum Opfer.

Unten: Zerstörte deutsche Panzer in Frankreich, darunter auch Panther. Die Einschusslöcher stammen wohl von einem Bombenangriff.

wollte er – trotz der ungünstigen Lage – die strategische Initiative im Westen zurückgewinnen und den wichtigen Hafen Antwerpen einnehmen. Vorgesehen für die Durchführung der Offensive war die Heeresgruppe B von Feldmarschall Model. Die Speerspitze sollten die Sechste Panzerarmee von SS-Oberstgruppenführer (Generaloberst) Dietrich und die Fünfte Panzerarmee von General Hasso von Manteufel bilden. Die Deutschen entschieden sich für einen Angriff in den bergigen, zerklüfteten und stark bewaldeten Ardennen, denn die Amerikaner hielten dies Gelände für völlig ungeeignet und verteidigten es somit mit nur vier Divisionen. Obwohl Hitler verlangte, dass Models Kräfte 150 km nordwestlich nach Antwerpen vordringen und Montgomerys Divisionen von den amerikanischen Kräften im Süden abschneiden sollten, wusste jeder deutsche Truppenführer, dass die Kräfte für so ein ehrgeiziges Ziel nicht reichten. Besonders die logistische Grundlage war für ein derartiges Unternehmen absolut unangemessen; Kraftstoff war extrem knapp. So war denn im Angriffsplan auch vorgesehen, Kraftstoffdepots der Alliierten anzu-

UNTEN: Panther im Angriff während der Ardennenoffensive im Winter 1944. Diese Panzer gehören vermutlich zur 6. SS-Panzerarmee.

greifen, um den Angriff überhaupt fortsetzen zu können.

Bei der Offensive setzten die Deutschen insgesamt etwa 950 Panzer ein, darunter etwa 340 Panther und 49 Jagdpanther. Die Speerspitze von Dietrichs Sechster Panzerarmee bildete das I. SS-Panzerkorps, geführt von SS-Gruppenführer (Generalleutnant) Preiss. Dazu gehörten auch die 1. und 12. SS-Panzerdivision Leibstandarte bzw. Hitlerjugend. Unter Dietrichs Führung stand auch das II. SS-Panzerkorps von SS-Gruppenführer (Generalleutnant) Wilhelm Bittrich, zu dem die 2. und 9. SS-Panzerdivision Das Reich und Hohenstaufen gehörten. Im Süden bildeten das LVIII. Panzerkorps mit der 116. Panzerdivision und General Heinrich von Lützwitz' XXXXVII. Panzerkorps mit der 2. Division und der Lehrdivision die Speerspitze von Hasso von Manteufels Fünfter Panzerarmee.

Trotz verzweifelter Versuche, die sieben Panzerdivisionen für die Speerspitze rechtzeitig auf volle Stärke zu bringen, mussten alle am 16. Dezember 1944 mit geringerer Stärke antreten. Statt der üblichen, aus zwei Bataillonen bestehenden Panzerregimenter mit etwa 140 Panzern hatten fünf der Divisionen nur ein einziges Panzerbataillon mit einer Mischung aus 66 PzKpfw IV und zwei Panther-Kompanien mit jeweils 14 Panzern. Zusammen mit den Befehlspanzern kamen sie auf insgesamt 62 Panther. Anstelle des fehlenden zweiten Panzerbataillons gab die Wehrmacht jeder Division ein ehemals selbstständiges Panzerbataillon mit StuG III, Jagdpanzern IV oder Jagdpanthern. Der Panzerlehrdivision wurde zum Beispiel das 559. schwere Panzerabwehrbataillon unterstellt.

Die beiden verbleibenden Panzerdivisionen – SS-Division Das Reich und die 116. – folgten der für 1944 üblichen Kriegsstärkenachweisung. Ihre Panzerregimenter verfügten über je ein gemischtes Bataillon mit PzKpfw IV und Sturmgeschützen und ein Panther-Bataillon mit 56 Panzern und vier Befehlspanzern. Allerdings erreichte keine Division bei der Offensive ihre volle Stärke. Theoretisch hätten die sieben Panzerdivisionen – gemäß Kriegsstärkenachweisung – 490 Panther in das Feld schicken müssen, aber wegen der bekannten Knappheit konnte man nicht mehr als 340 auftreiben. Die 2. Panzerdivision beispielsweise hatte nur 28 Panther bei einer Kriegsstärkenachweisung von 60.

Daneben setzten die deutschen Verbände auch 49 Jagdpanther ein, ein Siebtel der Gesamtproduktion dieses Typs. Diese schweren Jagdpanzer waren jeweils in einer der drei Kompanien der selbstständigen schweren Panzerabwehrbataillone zusammengefasst. Die Wehrmacht konnte sechs dieser Bataillone aufbieten, entweder als selbstständige Verbände oder aber als Ersatz für das zweite Panzerbataillon bei bestimmten Panzerdivisionen. Wie alle deutschen Verbände in den Ardennen erreichten auch diese Bataillone längst nicht ihre volle Stärke. Theoretisch hätten sie 84 Jagdpanther haben

UNTEN: Ein völlig zerstörter Panther, den die Alliierten für Zielübungen benutzt haben. An der Frontpanzerplatte sind die Einschüsse gut zu erkennen.

OBEN: Nach einem alliierten Luftangriff auf einen Bahnhof sind auch diese Panther-Türme zerstört. Solche Überfälle schadeten der deutschen Rüstungsproduktion sehr.

müssen, aber nur 49 nahmen schließlich an der Offensive teil.

Um die Erfolgsaussichten zu verbessern, wandten die Deutschen ganz bestimmte Maßnahmen bei der Offensive an. Sie waren sich natürlich darüber im Klaren, dass die Luftüberlegenheit der Alliierten ihre taktische Beweglichkeit extrem gefährdete, und griffen deshalb während einer längeren Schlechtwetterperiode an, als die Flugzeuge der Alliierten nicht starten konnten. Außerdem konzipierten sie einen speziellen Einsatz, um den Schwung ihres Angriffs zu erhöhen. Hitler befahl der 150.Panzerbrigade von SS-Standartenführer (Oberst) Otto von Skorzeny, Verwirrung hinter den amerikanischen Linien zu stiften. Die Leute von Skorzeny, teilweise als US-Militärpolizisten verkleidet, drangen in die amerikanischen Stellungen ein und führten den Verkehr in die Irre, während zwölf Panther, geschickt als amerikanische Jagdpanzer M-10 getarnt, die amerikanischen Kräfte angriffen. Die Deutschen konnten mit dieser Täuschung aber nur kurzfristige Vorteile erlangen. Sobald das Element der Überraschung verloren gegangen war, mussten sie kräftige Verluste hinnehmen. Unter anderem gingen alle zwölf getarnten Panther verloren.

Am Morgen des 16. Dezember 1944 startete die Sechste Panzerarmee von Dietrich die Offensive östlich von Elsenborn und drang nach Nordwesten auf die Maas-Brücken südlich von Lüttich vor. Die Speerspitze dieser Offensive bildete die Kampfgruppe Peiper, ein verstärktes Panzerregiment der SS-Division Leibstandarte. Angeführt von SS-Obersturmbannführer (Oberstleutnant) Joachim Peiper, verfügte die Kampfgruppe über PzKpfw IV und Panther und sollte rasch nach Antwerpen vordringen, bevor die Alliierten reagieren konnten. Hinter Peipers Kampfgruppe marschierte ein SS-Bataillon mit 30 Königstigern. Diese riesigen Fahrzeuge waren absolut nicht für Peipers Auftrag geeignet, schnell über schmale Wege in schlechtem Gelände vorzustoßen und verloren bald den Anschluss an die schnellen Panther von Peiper.

Zwischen dem 17. und dem 19. Dezember stießen die PzKpfw IV und Panther von Peiper etwa 40 km bis nach Stoumont vor. Inzwischen waren die Alliierten aber wach geworden und stoppten Peipers Vormarsch. Am Abend des 22.

Dezember hatten einige der schwerfälligen Königstiger die aufgehaltenen Panther erreicht. Nachdem die Kampfgruppe Peiper nicht weiterkam, hatte die deutsche Führung am 20. Dezember einige neue Vormarschwege ausgewählt, um den Angriffsschwung aufrecht zu erhalten. Dietrich übergab diese Aufgabe an die SS-Division Hitlerjugend. Sie sollte die alliierten Stellungen bei Dom Büttgenbach zerschlagen. Dazu setzte die SS-Hitlerjugend die 33 Jagdpanzer des unterstellten 560. schweren Panzerabwehrbataillons ein, das das fehlende zweite Panzerbataillon ersetzen sollte. Etwa 25 Jagdpanzer IV/70 und acht Jagdpanzer sorgten für die Feuerunterstützung, während die fanatischen motorisierten Infanteristen der Hitlerjugend die alliierten Stellungen bei Dom Büttgenbach berannten. Obwohl dieser Angriff erfolgreich war, konnte die SS-Hitlerjugend anschließend den Schwung des aufgehaltenen nördlichen Angriffs nicht wieder herstellen.

Am 21. Dezember hatten die Alliierten mit ihren Gegenangriffen Peipers Truppen bei La Gleize umzingelt und von der Versorgung abgeschnitten. Die Kampfgruppe war nun auf 40 Panzer zusammengeschmolzen, darunter 15 Panther und sieben Königstiger. In der Nacht vom 23. auf den 24. Dezember hatten Peipers Truppen keinen Kraftstoff mehr und versuchten, sich zu Fuß aus der Umzingelung zu befreien. Sie gaben ihre restlichen 35 Panzer, darunter 14 Panther, auf. Vorher machten sie sie kampfunfähig, damit sie nicht intakt in die Hände der Alliierten fielen. Nach dem Ausfall der Kampfgruppe Peiper verwandelte sich der nördliche Angriff durch die gut ausgerüstete, von der SS dominierte Sechste Panzerarmee in einen verlustreichen Fehlschlag.

Im Süden hatte die Fünfte Panzerarmee von General Manteufel ihren Angriff ebenfalls am Morgen des 16. Dezember 1944 begonnen. Trotz des erbitterten amerikanischen Widerstands bei St Vith konnten beide Panzerkorps in den ersten 48 Stunden ca. 32 km bis nach Houffalize und Bastogne vordringen. Am 18. Dezember umgingen die PzKpfw IV und Panther der 2. Panzerdivision Bastogne und rückten nach Westen auf die Maas-Brücken bei Dinant vor. Am Abend des gleichen Tages erreichten die Panther-Speerspitzen der Panzerlehrdivision Bastogne. Am 21. Dezember hatten die deutschen Truppen die amerikanische Garnison in Bastogne umzingelt. Der 23. Dezember bildete den Höhepunkt der Offensive, als die Panther der 2. Panzerdivision bis auf Sichtweite an die Maas-Brücken vorrückten. Es war ihnen aber nicht gelungen, genügend Kraftstoff bei den Alliierten zu erbeuten. Als ihre Panther keinen Kraftstoff mehr hatten, kam die Offensive zum Stehen.

Am 23. Dezember griffen amerikanische Truppen nordöstlich Manteufels Stellungen an, um die bei Bastogne umzingelten Kräfte zu entsetzen. Am 26. Dezember erreichten sie Bastogne. Inzwischen waren sich die deutschen Kommandeure einig, dass es sinnlos war weiter anzugreifen, aber Hitler bestand darauf, dass Manteufels Armee – nun durch das I. SS-Panzerkorps verstärkt – am Neujahrstag 1945 einen letzten Angriff auf Bastogne unternehmen sollte.

Um diesen erneuten Angriff zu unterstützen, ließ Hitler Silvester 1944 das Westheer zur Ablenkung einen Angriff auf Elsass-Lothringen durchführen. Im Rahmen der Operation „Nordwind“ drangen sechs deutsche Divisionen in südlicher Richtung auf Straßburg vor, wo sie sich mit der südlichen Zange trafen, die vom Colmar-Kessel aus gestartet war, eine Enklave westlich des Rheins, wo die deutschen Truppen die letzten Stellungen auf französischem Boden hielten. Eine der gepanzerten Speerspitzen dieser Operation bildeten die acht Jagdpanther und 15 Jagdpanzer IV des 654. schweren Panzerabwehrbataillons. Ende Dezember 1944 hatte die Wehrmacht diesen Verband aus den Reservestellungen hinter der Ardennenfront nach Lothringen verlegt. Beabsichtigt war, dass die beiden Angriffszangen der Operation Nordwind sich bei Straßburg treffen sollten. Man hoffte, dass die Bedrohung dieser Stadt so viel symbolische Bedeutung hatte, dass die Alliierten Truppen von den Ardennen nach Elsass-Lothringen verlegen würden.

Die acht einsatzbereiten Jagdpanther des 654. Bataillons bildeten die Speerspitze der südlichen Angriffszange. Beim Anmarsch ging die Hälfte der Jagdpanther verloren. Diesen schweren Jagdpanzern konnte dank der niedrigen Silhouette und der gut abgeschrägten Panzerung das Feuer der Alliierten eigentlich kaum etwas anhaben. Wunde Punkte waren aber Schäden an der Kette oder mechanische Probleme. Ein Panther musste mit einem Motorschaden aufgegeben werden, ein weiterer blieb mit beschädigten Ketten liegen. Am 6. Februar 1945 verlor das Bataillon bei Wolfgantzen einen weiteren Jagdpanther, nachdem französische Kämpfer beide Ketten zerstört hatten. De deutsche Panther hatte einen Hinterhalt in einem kleinen Wald bezogen, wurde dort aber von Shermans der Ersten Französischen Armee überrascht. Zwei Kolonnen von Shermans griffen den Jagdpanther von beiden Seiten an und zerschossen die Ketten. Die Besatzung musste den Panzer verlassen. Ein vierter Jagdpanther wurde nach einem Motorschaden aufgegeben, aber ein Bergepanther konnte das angeschlagene Fahrzeug bis zu einem deutschen Depot schleppen, um es später reparieren zu lassen. Es gelang mit der Operation nicht, Straßburg einzunehmen, und es wurden auch nur wenige amerikanische Truppen aus den Ardennen abgezogen.

Da es mit der Operation Nordwind nicht gelang, die Alliierten aus den Ardennen wegzulocken, konnte ein erneuter Angriff angesichts der Stärke der Alliierten nur bescheidene Erfolge bringen. Am 3. Januar griffen die Alliierten die Fünfte Panzerarmee an und zwangen sie im Verlauf der folgenden zwei Wochen allmählich zurück in ihre ursprünglichen Stellungen. Während des einmonatigen Einsatzes in den Ardennen verloren Models Kräfte etwa 600 Panzer (darunter 190 Panther) und 120 000 Mann. Nun standen nur noch traurige Reste zwischen den Alliierten und ihrem erfolgreichen Vorstoß über den Rhein in das Deutsche Reich. Ende 1944 war nach dem Scheitern der Operation deutlich, dass die Alliierten nur noch wenige Monate benötigen würden, um den Krieg endgültig zu gewinnen.

Kapitel 7
Versionen des Panther

Nach den schlechten Erfahrungen mit dem Panther Ausf D bei Kursk war allen Beteiligten klar, dass das Fahrzeug in der damaligen Ausführung nicht einsatztauglich war. So wurden umfangreiche Modifikationen vorgenommen. Die grundlegende Konstruktion – Kanone, Wanne und Turm sowie die Verteilung der Panzerung – blieb aber unverändert.

Zu den Neuerungen der Ausf A zählten eine neue gegossene Kuppel (die sowohl den Schutz des Kommandanten als auch sein Gesichtsfeld verbesserte) sowie 5 mm starke Schürzen, die die Ketten vor feindlichen Hohlladungen schützen sollten. Das Fahrzeug unterschied auch durch das MG mit Kugelblende, das einen viel größeren Feuerbereich bot. Zu den weiteren Modifikationen der Ausf A gehörten stärkere Laufrollen, um die Aufhängung zu schonen sowie Verbesserungen an Kraftübertragung und Getriebe. Gleichzeitig wurden neue Kühlungsrohre verlegt und die wasserdichte Versiegelung weggelassen, um die Gefahr von Motorbränden zu mindern. Mit diesen Änderungen stieg das Gewicht auf 43,3 t. Von September 1943 an wurden die Oberflächen zusätzlich zum Schutz gegen Haftminen mit Zimmerit-Paste beschichtet. Die Produktion der Ausf A begann im Spätsommer 1943 und lief bis zum Sommer 1944. Die Firmen Daimler-Benz, Henschel, MAN und MNH bauten 1943/1944 zusammen 1768 Panther Ausf A bei einem durchschnittlichen Ausstoß von 150 Fahrzeugen pro Monat.

Im Herbst 1943, als der Panther Ausf A in größerer Zahl zur Truppe kam, entschied Hitler, dass jede Panzerdivision ein ganzes Panther-Bataillon erhalten sollte, um das Bataillon mit dem PzKpfw III abzulösen. Theoretisch hätten diese Panther-Bataillone über 76 Panther verfügen müssen; jeweils vier Standardkompanien mit 17 Fahrzeugen, dazu eine Stabskompanie mit weiteren acht Panthern, darunter drei Befehlspanzer. Die Stabskompanie des Regiments hatte drei weitere Befehlspanther, sodass die Division theoretisch mit den sechs Be-

LINKS: Eine Kolonne mächtiger Jagdpanther in freier Landschaft, wahrscheinlich während eines Manövers. Hier steht die starke 8,8-cm-Panzerabwehrkanone im Vordergrund.

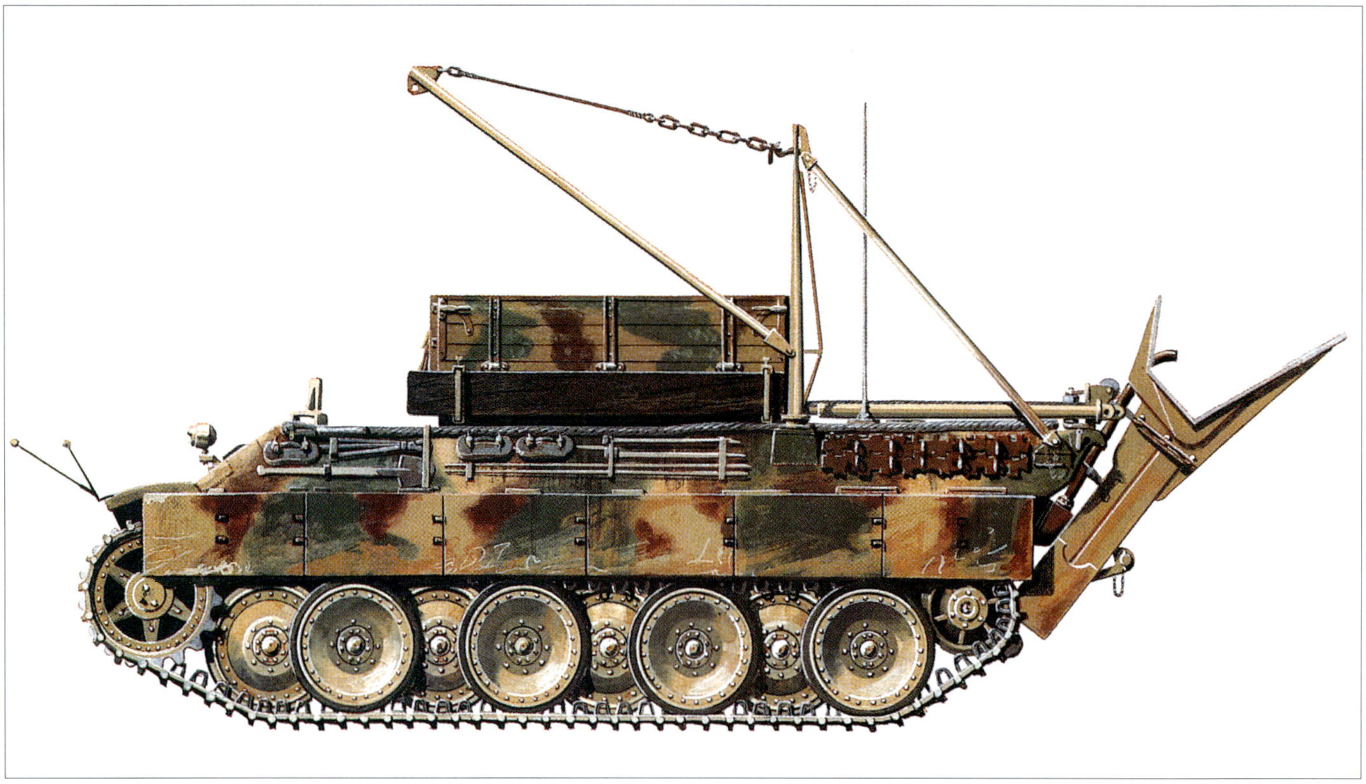

Oben: Ein Bergepanther. Henschel baute eine Reihe dieser Fahrzeuge, um die deutsche Panzertruppe bis zum Schluss einsatzfähig zu halten.

fehlspanthern über 79 Panther verfügen würde. 1943 und 1944 schickten die deutschen Panzerdivisionen jeweils eines ihrer Panzerbataillone in die Heimat, wo es den Panther Ausf A erhielt und Erprobungen im Feld unternahm, bevor es zur Stammdivision zurückkehrte. Den Anfang machte dabei die 1. Panzerdivision, während die erste SS-Division, die an diesem Programm teilnahm, die 2. SS-Panzerdivision Das Reich war. Bis Januar 1944 gab es etwa 15 Panzerdivisionen, die über ein Panther-Bataillon mit der Ausf A verfügten, was einem theoretischen Bestand von 1150 Panzern entspricht. Obwohl der Panther Ausf A schließlich noch durch die neuere Ausf G abgelöst wurde, blieb die Ausf A während des restlichen Krieges die Speerspitze des deutschen Widerstands gegen die Alliierten.

PANTHER AUSF G

Anfang 1944 war das deutsche Oberkommando immer besorgter über die Verzögerungen im Entwicklungsprogramm für den Nachfolger des Panther, den Panther II. Deshalb befahl Hitler, die Modifikationen, die bereits für den Panther II entwickelt worden waren, in eine neue Version des ersten Panther einfließen zu lassen, die dann als Ausf G bezeichnet wurde. Die ersten neuen Fahrzeuge dieser Ausführung rollten im Februar 1944 von den Bändern. Die vier Firmen, die am Bau des Panther beteiligt waren, stellten sich immer stärker von der Ausf A auf die Ausf G um; später kam als fünfte Firma noch DEMAG dazu. Die Serienproduktion der Ausf G begann im Frühjahr 1944 und wurde bis zum Kriegsende fortgesetzt. Die fünf Firmen bauten bis 1945 insgesamt 3740 Panther Ausf G. Der höchste monatliche Ausstoß wurde im August 1944 erreicht; danach sorgten die Materialknappheit und die Luftangriffe der Alliierten, dass bis zum Frühjahr 1945 der monatliche Ausstoß auf kümmerliche 25 Fahrzeuge zurückging.

Beim Panther Ausf G wurde die Wanne völlig umkonstruiert. Die Panzerung war nun unten auch abgeschrägt und nicht mehr senkrecht angeordnet. An den anderen Stellen wurde die Abschrägung erhöht. Außerdem wurde die Stärke der Oberseite von 40 auf 50 mm erhöht. Diese Änderungen verbesserten die Ablenkung aufschlagender Geschosse, vereinfachten die Herstellung und schufen mehr Platz im Innenraum. So ließen sich statt 79 nun 82 Schuss Munition für die Bordkanone mitführen. Der erste SS-Verband, der den Panther Ausf G in größerer Zahl erhielt, war die 5. SS-Panzerdivision Wiking. Im Frühjahr 1944 wurden beide Panzerbataillone der Division in Polen komplett mit insgesamt 160 Panthern ausgestattet. Im Juli 1944 war die neu aufgebaute Division Wiking wieder an der Ostfront, in einem verzweifelten Versuch, den schnellen Vormarsch der Roten Armee im Rahmen der Operation „Bagration" in Weißrussland aufzuhalten.

Von Mai 1944 an erhielten auch immer mehr andere Wehrmachts- und SS-Divisionen den Panther Ausf G, um die Verluste der Ausf A wettzumachen. Der Panther Ausf G sollte bis in die letzten Kriegswochen die Speerspitze der deutschen Verteidigung bilden. Zu diesem Zeitpunkt war die Entwicklung des Panther II zwar schon weit vorangeschritten, an eine Serienproduktion war aber angesichts der Lage nicht mehr zu denken. Stattdessen bauten die deutschen Firmen die neuen

Merkmale des Panther II – wie die Ganzstahl-Laufrollen – in die letzten Serienmodelle des Panther Ausf G ein.

BEFEHLSPANTHER

Neben dem üblichen Kampfpanzer bauten die Firmen auch eine Variante als Befehlsfahrzeug, bezeichnet als SdKfz 167. Zwischen Anfang 1943 und März 1945 wurden etwa 500 Befehlspanther gebaut. Diese Fahrzeuge waren den früheren Befehlspanzern weit überlegen, denn sie behielten ihre Bordkanone. Die Kriegsstärkenachweisung des Jahres 1944 für Panzerdivisionen enthielt sechs Befehlspanther, obwohl die Zahl in der Praxis stets darunter lag. Der Befehlspanther hatte zwei leistungsfähige Funkgeräte. Dazu gehörte zum einen das Standardfunkgerät Fu 5 im Turm mit einer 2 m hohen Stabantenne, das eine Reichweite von 8 km hatte. Daneben verfügte das Fahrzeug in der Wanne über das Langstreckenfunkgerät Fu 8 mit einer sternförmigen Antenne auf dem hinteren Deck. Dies Gerät konnte Reichweiten bis zu 65 km erzielen.

Zunächst konnten nur die Werke in Deutschland normale Panther zu Befehlspanthern umbauen. Von Juli 1944 an erhielten aber alle neuen Panther Vorrichtungen, mit denen die Inst-Einheiten im Feld Befehlsversionen aus normalen Panthern machen konnten. Damit war es für die deutschen Truppen endlich leichter, verlorene Befehlspanzer zu ersetzen; allerdings konnte der Mangel nicht völlig ausgeglichen werden. Nicht einmal die bevorzugte Waffen-SS war stets vollständig mit Befehlspanthern ausgerüstet. Am Tag D hatte die 12. SS-Panzerdivision Hitlerjugend beispielsweise nur vier Befehlspanther.

BERGEPANTHER

Die Erfahrungen mit der Bergung beschädigter Panther Ausf G vom Gefechtsfeld bei Kursk zeigten, dass ein starkes Vollketten-Bergungsfahrzeug benötigt wurde. Das stabile Panther-Chassis bot sich da fast von selbst an, aber die Dringlichkeit, erst die Ausf D zur Truppe zu bringen, verzögerte die Konstruktion eines derartigen Fahrzeugs. Trotz dieser Verzögerungen konnte MAN im Juni 1943 12 Panther Ausf D (ohne Turm) direkt aus der Produktion abzweigen, um sie den beiden Panther-Bataillonen mitzugeben, die bei Kursk die Speerspitze bilden sollten. Danach entwickelte und baute Henschel im Juli/August 1943 etwa 70 Bergepanther. Das Fahrzeug verfügte über das normale Panther-Laufwerk, aber anstelle des Turms war eine 40-t-Winde montiert, die vom elektrischen Schwenkmotor des Turms angetrieben wurde. Einen recht primitiven Schutz für die Besatzung bot ein offener Aufbau aus Holz und Stahl, der mit einer Plane abgedeckt werden konnte. An der Heckplatte war eine schwere Erdschaufel montiert, die für den Gewichtsausgleich sorgen sollte. Der Bergepanther war ein höchst wirksamer Bergepanzer, denn er konnte nicht nur den Panther, sondern auch den schwereren Tiger abschleppen. Das gepanzerte Chassis schützte die Besatzung vor feindlichem Feuer. Als der Krieg immer hitziger wurde, musste immer häufiger versucht werden, liegen gebliebene Fahrzeuge auch unter direktem Feindfeuer zu bergen. Insgesamt bauten MAN und Henschel etwa 350 Bergepanther, genug um jedes Panther-Bataillon mit mindestens zwei Bergepanthern auszustatten.

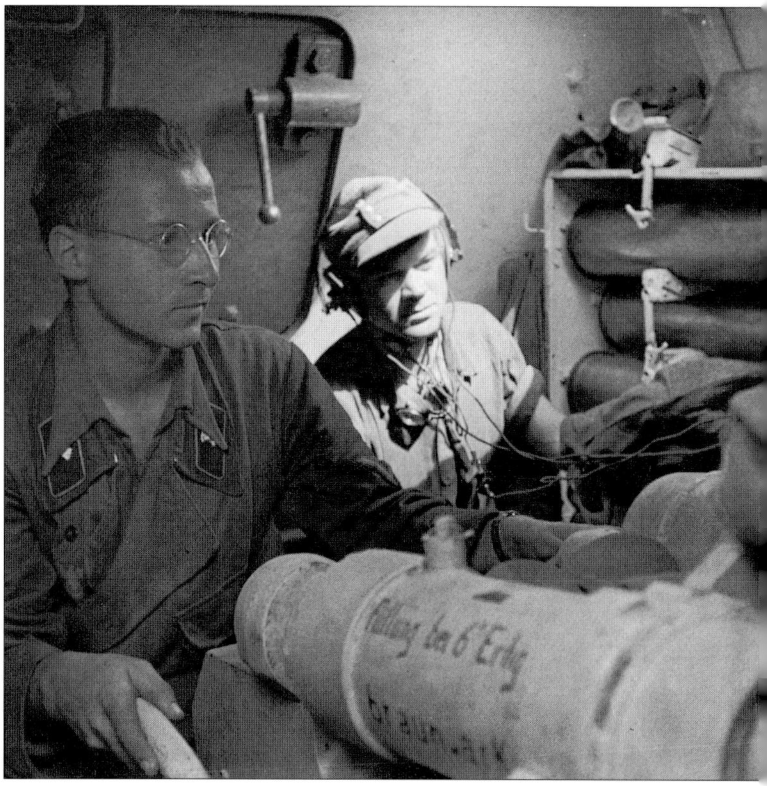

OBEN: Die Besatzung in einem Jagdpanther. Die Bordkanone benötigte viel Platz. Gut zu erkennen die Beladeluke/Notausstieg und die bereitgestellte Munition.

NACHTKAMPFPANTHER

Anfang 1944 wurden in Deutschland einige wenige Panther mit einem 300-mm-Infrarot-Suchscheinwerfer vom Typ Uhu und einem Bildwandler ausgerüstet. Die Suchscheinwerfer hatten aber nur eine Reichweite von etwa 600 m, sodass die Vorzüge der ausgezeichneten 7,5-cm-Kanone überhaupt nicht zur Geltung kamen. Daher wurde ab Mitte 1944 ein stärkerer Infrarotscheinwerfer auf einem Halbkettenfahrzeug montiert, das zusammen mit dem Nachtkampfpanther zur besseren Ausleuchtung eingesetzt werden sollte. Mit einem dritten Fahrzeug sollte daraus der so genannte Kampftrupp Sperber werden. Bei dem dritten Fahrzeug handelte es sich um ein Halbkettenfahrzeug mit einem Panzergrenadiertrupp, der über Sturmgewehre mit Nachtsichtgeräten verfügte. Dieser Sperber-Kampftrupp sollte zumindest in der Theorie Ziele bis zu einer Entfernung von 2500 m bekämpfen.

Mitte 1944 erhielt eine Kompanie der 116. Panzerdivision Nachtkampfpanther, aber wahrscheinlich wurden sie nie im Gefecht eingesetzt. Das gilt wohl ebenso für einen Sperber-Trupp, der im Januar 1945 nach Ungarn verlegt wurde, um an der Operation „Frühlingserwachen" teilzunehmen, mit der die umzingelte Garnison Budapest freigekämpft werden sollte. Am 21. April überrannten die beiden Nachtkampfpanther der improvisierten Panzerdivision Clausewitz die amerikanischen Panzerabwehrstellungen am Weser-Elbe-Kanal. Das ist der einzige verbürgte Einsatz des Sperber-Trupps. Ein paar modernere Nachtkampfpanther, die so genannte Lösung B, wurden in den letzten Kriegswochen auf der Grundlage älterer Panther Ausf A und D gebaut. Bei diesen Fahrzeugen waren, anders als beim Sperber-Trupp, sowohl der Richtschütze als auch der Kommandant mit Nachtsichtgeräten ausgerüstet. Im April 1945 erhielt die Division Clausewitz fünf Nachtkampfpanther Lösung B. Mitte April zogen diese Fahrzeuge zum ersten und einzigen Mal in der Nähe von Uelzen in das Gefecht. Bevor sie von den nahenden Alliierten überrannt wurden, konnten sie einige Exemplare des ganz neuen britischen Comet-Panzers vernichten.

PANZERBEOBACHTUNGSPANTHER

Eine sehr seltene Variante des Standard-Panthers war der Panzerbeobachtungspanther. Dabei handelte es sich um ein gepanzertes Artilleriebeobachtungsfahrzeug auf Basis des Panther. Eingesetzt werden sollte er bei dem einen Panzerartilleriebataillon der Panzerdivisionen. Diese Bataillone hatten mittlere Selbstfahrgeschütze Wespe auf der Basis des PzKpfw II und schwere Fahrzeuge vom Typ Hummel auf der Basis der Hybridplattform PzKpfw III/IV. Der Panzerbeobachtungspanther hatte die taktische Aufgabe, feindliche Ziele – oft unter Feindfeuer – zu beobachten und die Entfernung zu ermitteln. Mit den Funkgeräten wurden die Zieldaten an die Wespen und Hummeln zur Feindbekämpfung übermittelt.

Der Panzerbeobachtungspanther wurde 1944 in ganz geringer Zahl gebaut, wohl etwa 41 Fahrzeuge. Ein oder zwei Fahrzeuge gingen an bevorzugte Divisionen, normalerweise Elitedivisionen der Wehrmacht wie Großdeutschland, oder an die Waffen-SS. Beim Beginn der Ardennenoffensive Mitte Dezember 1944 hatte die 12. SS-Panzerdivision Hitlerjugend fünf Panzerbeobachtungspanther, etwa 12% der gesamten Stückzahl. Die weniger hoch angesehenen Divisionen der Wehrmacht bekamen wohl nie eines dieser Fahrzeuge zu Gesicht.

Vor der Einführung des Panzerbeobachtungspanthers waren die Artilleriebeobachter auf Halbkettenfahrzeuge angewiesen, die nicht gerade ideal waren, weil sie so gut wie keinen Schutz vor Feindfeuer boten. Daneben hatten die deutschen Truppen ein paar Spezialfahrzeuge auf dem Chassis des PzKpfw III oder IV oder auf der Grundlage von Beutepanzern. Im Jahr 1943 entstanden etwa 262 dieser Fahrzeuge, der Artillerie-Panzerbeobachtungspanzer (SdKfz 143) aus alten PzKpfw III. Diese Fahrzeuge hatten aber nur eine Kanonenattrappe und konnten sich im Gefecht nicht selbst verteidigen. In den Jahren 1944/1945, als auch der Panzerbeobachtungspanther gebaut wurde, entstanden 90 Panzerbeobachtungswagen IV, die aber ihre Kanone behielten.

Der Prototyp des Panzerbeobachtungspanthers war im Sommer 1943 fertig und basierte auf der modernen Ausf D. Die Serienversion erschien im Januar 1944, zunächst auf der Grundlage der Ausf A, später der Ausf G. Der Panzerbeobachtungspanther war ein besseres Kampffahrzeug als die früheren Artilleriebeobachtungspanzer auf der Grundlage des PzKpfw III, denn er behielt seine Bordkanone. Die 41 Panther hatten auch bessere Beobachtungsgeräte als ihre Vorgänger. Der Fahrzeugkommandant hatte zwei große Periskope statt nur einem im Artillerie-Panzerbeobachtungspanzer (SdKfz 143) und im Panzerbeobachtungswagen IV. Daneben war im Turm sogar ein leistungsfähiges Raumbild-Entfernungsmessgerät installiert.

Der Panzerbeobachtungspanther war der beste deutsche Beobachtungspanzer im Zweiten Weltkrieg. Zum einen hatte er den hervorragenden Panzerschutz des normalen Panther, zum anderen behielt er die Bordkanone, die mächtige 7,5-cm-KwK L/70 und konnte damit auf dem Gefechtsfeld viel besser überleben. Mit seinem modernen Beobachtungs- und Funk-

UNTEN: Die Besatzung eines Jagdpanther fährt auf dem Deck mit. Über den Schürzen die starken Abschleppseile, die man brauchte, um den riesigen Jagdpanther in schwierigen Lagen frei zu bekommen.

gerät konnte er außerdem die Ziele viel besser beobachten. Der einzige Nachteil lag in der viel zu geringen Stückzahl.

JAGDPANTHER

Mitte 1943 beauftragte das Oberkommando die Firma MIAG mit der Entwicklung des Prototypen eines schweren Jagdpanzer auf der Basis des Panther. Das Fahrzeug sollte über die neue 8,8-cm-PaK 43/3 L/71 (die für den neuen Königstiger vorgesehen war) und über einen gut abgeschrägten Aufbau verfügen. Mitte Oktober 1943 hatte MIAG den Prototypen des Jagdpanther auf der Grundlage der Ausf A auf die Ketten gestellt.

Man hatte sich für die Entwicklung dieses Fahrzeugs entschieden, weil man unbedingt eine Plattform für die mächtige 8,8-cm-Kanone L/71 benötigte. Die bisherigen improvisierten Jagdpanzer auf der Basis des Hybridlaufwerks III/IV wie das Nashorn waren keineswegs befriedigend ausgefallen. Das Laufwerk konnte die schwere Kanone nur verkraften, wenn an der Panzerung gespart wurde. Daher konnten diese Fahrzeuge den immer stärkeren Panzerabwehrkanonen nicht mehr standhalten. Aus diesem Grund wurde Anfang 1944 der Bau des Nashorn zu Gunsten des modernen Jagdpanthers eingestellt.

Die ersten Serienmodelle des Jagdpanther – nun auf der Grundlage der Ausf G – rollten im Februar 1944 bei MIAG vom Band. Das Fahrzeug wog beachtliche 45,5 t und war einigermaßen vernünftig gepanzert – 80 mm vorn und 50 mm an den Seiten. Die Schutzwirkung dieser Panzerung wurde aber schräge Anordnung der Frontplatte (zwischen 35° und 60°) wettgemacht, die Treffer gut ablenkte. Diese Abschrägung sorgte aber auch für eine niedrige Silhouette, was die Überlebensfähigkeit auf dem Gefechtsfeld weiter erhöhte. Die Bordkanone PaK 43/3 L/71 hatte einen Schwenkbereich von nur 11° nach rechts und links. Um Panzer außerhalb dieses Bereichs anzugreifen, musste das ganze Fahrzeug gedreht werden. Das gilt aber für die meisten Jagdpanzer. Daneben hatte der Jagdpanther noch ein 7,92-mm-MG mit Kugelblende, das vorn in der Wanne saß und den Nahbereich abdeckte.

Der Jagdpanther war zwar relativ schwer, aber weder langsam noch unbeweglich. Der starke 12-Zylinder Maybach HL 230 mit 700 PS, die besonders breiten Ketten und die Aufhängung mit den verschachtelten Laufrollen verliehen ihm eine besonders gute Beweglichkeit. Mut dieser Kombination hatte das Fahrzeug auch noch einen relativ niedrigen Bodendruck, sogar niedriger als das wesentlich leichtere und kleinere Sturmgeschütz StuG III. Damit bot der Jagdpanther Fahrleistungen – eine Höchstgeschwindigkeit von 45 km/h auf der Straße und respektablen 24 km/h im Gelände – mit denen er die meisten Rivalen in den Schatten stellte.

Der Jagdpanther wurde 15 Monate lang von Februar 1944 bis April 1945 gebaut, bis der deutsche Panzerbau schließlich unter dem Feuer der Alliierten eingestellt wurde. Während dieser Zeit entstanden nicht mehr als 382 fertige Fahrzeuge, was einen sehr bescheidenen Ausstoß von 26 Fahrzeugen pro Monat ergibt. Während der ersten 10 Monate wurde der Jagdpanther ausschließlich bei MIAG gebaut; von Dezember 1944 an stieg auch MAN ein, im Versuch, den Ausstoß auf 150 Stück pro Monat hochzutreiben. Allerdings wurde dieses Ziel niemals auch nur annähernd erreicht. Das lag an den ständigen Luftangriffen der Alliierten und den sich daraus ergebenden Engpässen an wichtigen Baugruppen. Aus diesen Gründen konnte das deutsche Heer diesen effektiven Jagdpanzer 1944 und 1945 nie in einer Stückzahl einsetzen, in der er sich bemerkbar gemacht hätte.

Der Jagdpanther war als ausgezeichneter Kompromiss zwischen tödlicher Feuerkraft, gutem Panzerschutz und ausgezeichneter Beweglichkeit der beste deutsche Jagdpanzer im Zweiten Weltkrieg. Wäre Deutschland in der Lage gewesen, 1944/1945 mehr dieser Fahrzeuge einzusetzen, hätten die Alliierten wohl mehr Mühe gehabt, das Dritte Reich endgültig zu zerstören.

UNTEN: Noch einmal der Jagdpanther. Er hatte wie der Königstiger die enorm starke 8,8-cm-Kanone, die jedem alliierten Panzer mehr als gewachsen war.

Technische Daten PanzerKampfwagen V Panther Ausf G

Besatzung	Fünf Mann
Länge der Wanne	6,88 m
Länge mit Kanone	8,86 m
Breite mit Marschkette	3,43 m
Höhe	3,10 m
Kampfgewicht	44,8 t
Bodendruck	0,88 kg/cm^2
Bodenfreiheit	56 cm
Wattiefe ohne Vorbereitung	1,7 m
Wattiefe mit Vorb.	4 m – Wasserabdichtung nie voll entwickelt und bei den Serienfahrzeugen nicht völlig wirksam
Höchste Steigfähigkeit	35°
Grabenüberschreitfähigkeit	1,91 m
Kletterfähigkeit	91 cm
Aufhängung	Seitliche Querfederstäbe
Anzahl Laufrollen	Acht pro Seite
Laufrollen pro Federstab	Eine
Scheiben pro Laufrolle	Zwei
Stützrollen	Keine
Größe der Laufrollen	800 mm Ø
Reifen	Gummi (später Verbund Gummi/Stahl)
Motor	Vergasermotor Maybach HL230 P30
Auslegung	Viertakt-V-12 (60°)
Nennleistung	700 PS bei 3000 U/min
Literleistung	30,4 PS/l
Leistungsgewicht (im Kampf)	15,6 PS/t
Hubraum	28860 cm^3
Bohrung	130 mm
Hub	145 mm
Verdichtung	6,8:1
Vergaser	Vier Doppelvergaser Solex 52JFF
Kurbelwellenlager	Sieben Rollenlager
Schmierung	Trockensumpf
Ölvorrat	25 l
Kühlung	Wasser
Kraftstoffvorrat	730 l
Fahrstrecke Straße	177 km
Fahrstrecke Gelände	89 km
Höchstgeschw.	46 km/h, ab November 1943 durch Abregelung des HL 230 P30 bei 2500 U/min

Durchschnittsgeschwindigkeit Straße	30-35 km/h
Durchschnittsgeschwindigkeit Gelände	20 km/h
Kraftübertragung	Klauengetriebe AK 7-200, sieben Vorwärts- und ein Rückwärtsgang
Endantrieb	Planetengetriebe
Angetriebenes Kettenrad	Vorn
Lenkung	Hydraulisches Einradien-Lenkgetriebe, ein Radius pro Gang
Größter Wendekreis	79 m
Kleinster Wendekreis	10 m
Hauptbewaffnung	Gezogene Kanone 7,5 cm KwK 42 L/70
Nebenbewaffnung	Zwei 7,92 mm MG34, eines koaxial, eines im Bug
Zusatzbewaffnung	Ein 7,92 mm Fla-MG 34 (wahlweise), Nebelwerfer 7/N5N, eine 19- mm-MP, 9-mm-Pistolen
Munition für Hauptbewaffnung	82 Schuss
Munition für Nebenbewaffnung	4200 Schuss
Panzerung	
Wanne vorn	80 mm bei 55°
Wanne seitlich (oben)	50 mm bei 60°
Wanne seitlich (unten)	40 mm bei 90°
Wanne hinten	40 mm bei 30°
Wanne oben	40-16 mm bei 90°
Wanne unten	25-16 mm bei 90°
Turm vorn	100 mm bei 12°
Turm seitlich	45 mm bei 25°
Rohrblende	100 mm gewölbt
Turm hinten	45 mm bei 25°
Turm oben	16 mm bei 90°
Schwenkantrieb	Hydraulisch/manuell, ab November 1943 360° in 18 Sekunden
Schwenkgeschwindigkeit (max.)	360 Grad/15 sek
Erhöhung	Manuell
Höhenrichtbereich	+20 bis –4°
Stabilisierung	Keine

Technische Daten der anderen Versionen

Jagdpanzer V Jagdpanther (SdKfz 173)

Besatzung	Fünf Mann
Gewicht	45,5 t
Gesamtlänge	9,86m
Länge der Wanne	6,87 m
Breite	3,29 m
Höhe	2,72 m
Motor	V12-Vergasermotor Maybach HL230 P30
Nennleistung	700 PS
Kraftstoffvorrat	700 l
Geschwindigkeit	46 km/h
Fahrstrecke Straße	210 km
Fahrstrecke Gelände	140 km
Hauptbewaffnung	8,8 cm PaK 43/3 L/71
Nebenbewaffnung	Ein 7,92 mm MG34
Panzerung	
Wanne vorn	60 mm bei 35°
Wanne seitlich	40 mm bei 90°
Wanne hinten	40 mm bei 60°
Wanne oben	17 mm bei 5°
Aufbau vorn	80 mm bei 35°
Aufbau seitlich	50 mm bei 60°
Aufbau hinten	40 mm bei 60°
Aufbau oben	17 mm bei 5°

Bergepanther (SdKfz 179)

Besatzung	Vier Mann
Gewicht	43,3 t
Länge	8,08m
Höhe	2,74 m
Motor	Maybach HL230 P30
Getriebe	AK 7-400, sieben Vorwärts- und ein Rückwärtsgang
Geschwindigkeit	46 km/h
Fahrstrecke Straße	310 km
Fahrstrecke Gelände	150 km
Funkgerät	FuG 5
Hauptbewaffnung	2 cm KwK 38
Nebenbewaffnung	Ein 7,92 mm MG34
Panzerung	Gewalzte homogene Nickelstahlplatten
Wanne vorn	80 mm bei 55°
Wanne seitlich	40 mm senkrecht
Wanne hinten	40 mm bei 30°
Wanne oben	15 mm

Panzerbeobachtungswagen Panther (nie in Serie gebaut)

Besatzung	Vier Mann
Gewicht	41,6 t
Breite	3,43 m
Länge	6,88m
Höhe	2,95 m
Motor	Maybach HL230 P30
Getriebe	AK 7-400, sieben Vorwärts- und ein Rückwärtsgang
Geschwindigkeit	46 km/h
Fahrstrecke Straße	210 km
Fahrstrecke Gelände	100 km
Funkgerät	FuG 8, FuG 4, Funksprechgerät f
Bewaffnung	Ein 7,92 mm MG34 im Turm Ein 7,92 mm MG34 im Bug
Panzerung	Gewalzte homogene Nickelstahlplatten
Turm vorn	100 mm
Wanne vorn	80 mm bei 55°
Wanne seitlich	40 mm senkrecht
Wanne hinten	40 mm bei 30°
Wanne oben	15 mm

Die Rivalen des Panther

Fahrzeug	Sherman M4	T34 – 76A	Cromwell Mk V
Besatzung	Fünf Mann	Vier Mann	Fünf Mann
Länge der Wanne	5,85 m	6,1 m	6,24 m
Länge mit Kanone	5,85 m	6,1 m	6,4 m
Breite	2,62 m	3,0 m	3,05 m
Höhe bis Luke	2,74 m	2,45 m	2,46 m
Gewicht	30,25 t	26,5 t	27,9 t
Bodendruck (kg/m^2)	1,1	0,64	0,95
Wattiefe	1,0 m	1,1 m	0,9/1,22 m
Höchste Steigfähigkeit	60%	70%	47%
Grabenüberschreit-fähigkeit	2,3 m	3,0 m	2,3 m
Kletterfähigkeit	0,6 m	0,9 m	0,9 m
Aufhängung	Kegelfedern	Christie/Schraubenfedern	Christie/Schraubenfedern
Motor	Otto-Sternmotor R-975-C1	V-12-Diesel V-2-34	V-12-Otto R-R Meteor
Leistung	400 PS	500 PS	600 PS
Leistungsgewicht	13,22 PS/t	19 PS/t	21,5 PS/t
Hubraum	15900 cm^3	38900 cm^3	26900 cm^3
Kraftstoffvorrat	660 l	420 l	525 l
Fahrstrecke Straße	160 km	450 km	280 km
Fahrstrecke Gelände		260 km	
Höchstgeschwindigkeit	35 km/h	47 km/h	62 km/h
Lenkung	Cletrac	Kupplung	Zweiradien-Lenkung
Wendekreis	9,5 m	3,8 m	Auf der Stelle
Hauptbewaffnung	M3 L/40 (75 mm)	M 1938 L/30,5 (76,2 mm)	Mk V L/36,5 (75 mm)
Nebenbewaffnung	Zwei 7,62 mm MG M 1919	Zwei 7,62 mm MG DT	Zwei 7,92 mm Besa MG
Munition für Hauptbewaffnung	97 Schuss	80 Schuss	64 Schuss (zerlegt)
Munition für Nebenbewaffnung	4750 Schuss	2400 Schuss	4952 Schuss
Panzerung	Guss-/Walzstahl, verschweißt	Walzstahl, verschweißt	Guss-/Walzstahl, vernietet
Wanne vorn	50,8 mm	45 mm	63 mm
Wanne seitlich	50,8 mm	45 mm	32 mm
Wanne hinten	50,8 mm	40 mm	32 mm
Wanne oben	19 mm	20 mm	20 mm
Wanne unten	19 mm	15 mm	14 mm
Turm vorn	76,2 mm	45 mm	76 mm
Rohrblende	90 mm		
Turm seitlich	76,2 mm	45 mm	63 mm
Turm hinten	76,2 mm	40 mm	57 mm
Turm oben	25,4 mm	15 mm	20 mm
Schwenkantrieb	Hydraulisch/manuell	Elektrisch/manuell	Hydraulisch/manuell
Höhenrichtbereich	+25° bis –10°	+30° bis –3°	+20° bis –12,5°
Stabilisierung	Erhöhung	Keine	Keine

Register

Kursiv gedruckte Seitenzahlen verweisen auf Abbildungen.